UNIDADES DE MEDIDAS

Primeira edição – Ano 2021
Editora Clube de Autores
Coleção "Um Resumo Prático"
João Luis Gregorio e Silva

Prefácio

Essa obra é uma imersão no conteúdo sobre as diversas fontes de medidas usadas no cotidiano e nas ciências.
Enfatizamos que as métricas estão em todos os momentos de nossas vidas. A coleção "Um resumo prático" visa dá uma orientação rápida ao jovem estudante, visando, prepará-lo para o cotidiano.

João Luis Gregorio e Silva.

Dedicatória

Dedico aos meus pais, Amaro e Maria de Lourdes.

Índice

1. Introdução ao SI

Unidades de medição foram uma das primeiras ferramentas inventadas pelo homem. As sociedades primitivas necessitavam fazer medições rudimentares para inúmeras tarefas, tais como: construção de habitações de tamanho e forma apropriados, moldagem de roupas ou troca de alimentos ou matérias-primas.
Medição é o processo de determinar experimentalmente um valor de magnitude numérica para uma característica que possa ser atribuída a um objeto ou evento, no contexto de um quadro ou referência que permita fazer comparações com outros objetos ou eventos. Não se incluem, nesta definição, as propriedades nominais, ou propriedades que não têm magnitude.
A medição é um processo fundamental em ciências naturais, tecnologia, economia e investigação quantitativa em ciências sociais. O ato de medir envolve essencialmente a existência de unidades de medida, que são os comparativos usados na medição. Envolve também a existência de instrumentos de medição, que graduados de acordo com a unidade de medida em questão, fornecem com variados graus de precisão a medida desejada.
Qualquer medição de um objeto pode ser avaliada pelos seguintes meta-critérios: escala (incluindo magnitude), dimensões (unidades de medida) e incerteza. O objetivo de uma medida é atribuir um valor, de quantidade particular, ao objeto ou evento medido. Medir significa comparar uma quantidade de uma grandeza física com outra de mesma natureza, tomando uma delas como um padrão pré-definido. Por exemplo, dizer que uma pessoa mede 1,80 metro, significa dizer que esta pessoa é 1,80 vezes maior que um comprimento padrão adotado, neste caso o metro.
Qualquer medida pode ser definida pelos seguintes três critérios: tamanho (magnitude da medida), dimensão (unidade), e incerteza.
Esses critérios permitem que uma comparação seja feita entre duas medidas reduzindo a incerteza. Mesmo em casos em que há uma clara similaridade (ou diferença) entre dois objetos, uma medida quantitativa precisa ajuda a tornar os dados mais fiáveis e replicáveis. A ciência das medidas é chamada metrologia.
O Sistema Internacional de Unidades (sigla SI, do francês Système international d'unités) é a forma moderna do sistema métrico e é geralmente um sistema de unidades de medida concebido em torno de sete unidades básicas e da conveniência do número dez. É o sistema de medição mais usado do mundo, tanto no comércio todos os dias e na ciência.
Unidades de medida são convenções usadas para descrever dimensões (da mesma forma que um objeto é uma coisa diferente da palavra usada para descrevê-lo). Por exemplo, o metro é uma unidade para medir um comprimento L, não o comprimento em si. Sistemas de unidades são convencionais, dependendo de definições derivadas da nossa experiência local do universo. Por exemplo, o metro foi definido originalmente como uma certa fração do comprimento dos meridianos terrestres e, embora essa definição tenha sido refinada posteriormente, fica claro que é de natureza arbitrária.
Ao longo do tempo, foi registrado o uso de diversas formas de medidas utilizadas pelos povos antigos. Os egípcios, por exemplo, utilizavam o palmo e o cúbito há 4 mil anos. Porém, nos diferentes territórios e países, os meios e as medidas usadas no dia a dia eram diferentes, assim dificultando o comércio internacional. Com o passar do tempo, e com a evidente necessidade de facilitar o comércio entre as pessoas e as nações, foi criado apenas em 1960, depois de inúmeras convenções internacionais com representantes de diversos países, o Sistema Internacional de Unidades (SI).
Os sistemas de medidas mais usados são também conhecidos como MLT e FLT. O MLT representa o seguinte: M é a massa (mass em inglês); L é o comprimento (lenght); T é o tempo (time). Já o FLT muda apenas na letra F que representa a força (force). O MLT faz parte do SI. Enquanto o FLT é um padrão técnico.

2. Necessidade do SI

O SI é um conjunto sistematizado e padronizado de definições para unidades de medida, utilizado em quase todo o mundo moderno, que visa a uniformizar e facilitar as medições e as relações internacionais daí decorrentes. O antigo sistema métrico incluía vários grupos de unidades.

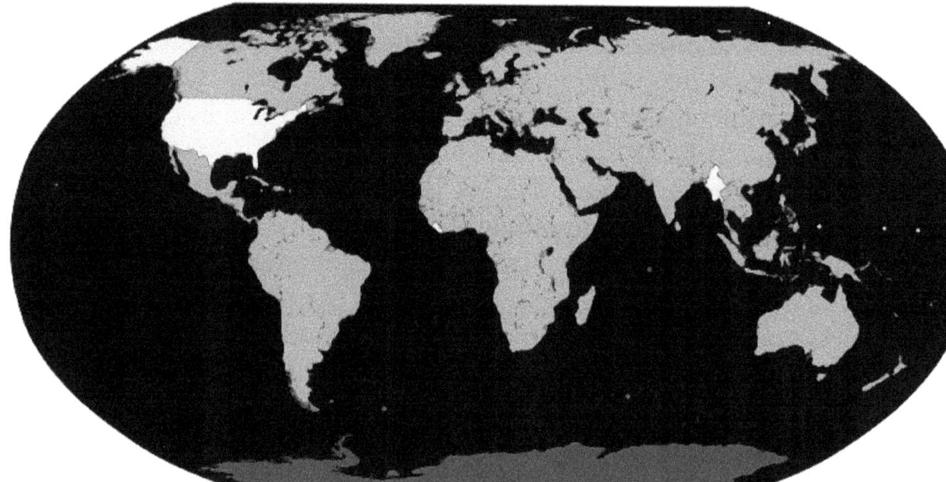

O SI foi desenvolvido em 1960 do antigo sistema metro-quilograma-segundo (mgs), ao invés do sistema centímetro-grama-segundo (cgs), que, por sua vez, teve algumas variações.

Visto que o SI não é estático, as unidades são criadas e as definições são modificadas por meio de acordos internacionais entre as muitas nações conforme a tecnologia de medição avança e a precisão das medições aumenta. O sistema tem sido quase universalmente adotado. As três principais exceções são a Myanmar, a Libéria e os Estados Unidos.

O Reino Unido adotou oficialmente o Sistema Internacional de Unidades, mas não com a intenção de substituir as medidas habituais na sua totalidade. No mapa acima podemos ver os países que não usam o SI como padrão nas suas medidas.

Para efetuar medidas é necessário fazer uma padronização, escolhendo unidades para cada grandeza. Antes da instituição do Sistema Métrico Decimal, as unidades de medida eram definidas de maneira arbitrária, variando de um país para outro, dificultando as transações comerciais e o intercâmbio científico entre eles. As unidades de comprimento, por exemplo, eram quase sempre derivadas das partes do corpo do rei de cada país: a jarda, o pé, a polegada e outras.

Até hoje, estas unidades são usadas nos Estados Unidos, embora definidas de uma maneira menos individual, mas através de padrões restritos às dimensões do meio em que vivem e não mais as variáveis desses indivíduos.

Em 1585, o matemático flamengo Simon Stevin publicou um pequeno panfleto chamado La Thiende, no qual ele apresentou uma conta elementar e completa de frações decimais e sua utilização diária. Embora ele não tenha inventado as frações decimais e sua notação, ele estabeleceu seu uso na matemática do dia-a-dia.

Ele declarou que a introdução universal da cunhagem decimal, medidas e pesos seria apenas uma questão de tempo. No mesmo ano, ele escreveu La Disme sobre o mesmo assunto. Há registros de que a primeira ideia de um sistema métrico seja de John Wilkins, primeiro-secretário da Royal Society de Londres em 1668, porém a ideia não vingou e a Inglaterra continuou com os diferentes sistemas de pesos e medidas. Foi na França onde a ideia de um sistema unificado saiu do papel.

A proliferação dos diferentes sistemas de medidas foi uma das causas mais frequentes de litígios entre comerciantes, cidadãos e cobradores de impostos. Com o país unificado com uma moeda única e um mercado nacional havia um forte incentivo econômico para romper com essa situação e padronizar um sistema de medidas.

O problema inconsistente não era as diferentes unidades, mas os diferentes tamanhos das unidades. Em vez de simplesmente padronizar o tamanho das unidades existentes, os líderes da Assembleia Nacional Constituinte Francesa decidiram que um sistema completamente novo deveria ser adotado.

O Governo Francês fez um pedido à Academia Francesa de Ciências para que criasse um sistema de medidas baseadas em uma constante não arbitrária. Após esse pedido, um grupo de investigadores franceses, composto de físicos, astrônomos e agrimensores, deu início a esta tarefa, definindo assim que a

unidade de comprimento metro deveria corresponder a uma determinada fração da circunferência da Terra e correspondente também a um intervalo de graus do meridiano terrestre.
Em 22 de junho de 1799 foi depositado, nos Arquivos da República em Paris, dois protótipos de platina iridiada, que representam o metro e o quilograma, ainda hoje conservados no Escritório Internacional de Pesos e Medidas (Bureau international des poids et mesures) na França. Em 20 de maio de 1875, um tratado internacional conhecido como Convention du Mètre (Convenção do Metro), foi assinado por 17 Estados. 
Este tratado estabeleceu as seguintes organizações para conduzir as atividades internacionais em matéria de um sistema uniforme de medidas:
a) Conférence Générale des Poids et mesures (CGPM), uma conferência intergovernamental de delegados oficiais dos países membros e da autoridade suprema para todas as ações;
b) Comité international des poids et mesures (CIPM), composta por cientistas e metrologistas, que prepara e executa as decisões da CGPM e é responsável pela supervisão do Bureau Internacional de Pesos e Medidas;
c) Bureau International des Poids et mesures (BIPM), um laboratório permanente e centro mundial da metrologia científica, as atividades que incluem o estabelecimento de normas de base e as escalas das quantidades de capital físico e manutenção dos padrões protótipo internacional.
Em 1889, a 1ª CGPM definiu os protótipos internacionais de metro e quilograma e as próximas conferências definiram as demais unidades que hoje são as bases do SI. A partir da criação destas organizações todo e qualquer assunto relacionado a medição são de sua responsabilidade. Mais tarde, a CGPM estabeleceu que o sistema métrico internacional seria designado Sistema Internacional, com abreviatura SI em todos os idiomas.

3. Grupos principais

As unidades básicas são relacionadas aos grupos de comprimento, massa, tempo, corrente elétrica, temperatura termodinâmica, quantidade de substância e intensidade luminosa. Assim temos 7 grupos principais de unidades.

Cada grupo tem uma unidade fundamental com seu nome e também um símbolo. São as seguintes as unidades fundamentais dos 7 grupos principais:

a) Comprimento, que tem a unidade do metro e o símbolo é m;
b) Massa, que tem a unidade do quilograma e o símbolo é kg;
c) Tempo, que tem a unidade do segundo e o símbolo é o s;
d) Corrente elétrica, que tem a unidade do ampere e so símbolo é o A;
e) Temperatura termodinâmica, que tem a unidade do Kelvin e o símbolo é o K;
f) Quantidade de substância, que tem a unidade do mol e o símbolo também é o mol;
g) Intensidade luminosa, que tem a unidade da candela e o símbolo é cd.

Grandeza	Unidade	Símbolo
Comprimento	metro	m
Massa	quilograma	Kg
Tempo	segundo	Símbolo
Corrente elétrica	ampere	A
Temperatura termodinâmica	Kelvin	K
Quantidade de substância	mol	mol
Intensidade luminosa	candela	cd

Consideram-se unidades derivadas do SI apenas aquelas que podem ser expressas através das unidades básicas do SI e sinais de multiplicação e divisão. Desse modo, há apenas uma unidade do SI para cada grandeza. Contudo, para cada unidade do SI pode haver várias grandezas.

3.1 Tabelas fundamentais

Às vezes, dão-se nomes especiais para as unidades derivadas. A seguir temos uma tabela de unidades do SI que possuem características especiais.

Grandeza	Unidade	Símbolo	Dimensional analítica	Dimensional sintética
Ângulo plano	radiano	rad	1	m/m
Ângulo sólido	esferorradiano	sr	1	m^2/m^2
Atividade catalítica	katal	kat	mol/s	--
Atividade radioativa	becquerel	Bq	1/s	--
Capacitância	farad	F	$A^2.s^4/(m^2.Kg)$	A/V
Carga elétrica	coulomb	C	A.s	--
Condutância	siemens	S	$A^2.s^3/(Kg.m^2)$	A/V
Dose absorvida	gray	Gy	m^2/s^2	J/Kg
Dose equivalente	sievert	Sv	m2/s2	J/Kg

Energia	jolie	J	$Kg.m^2/s^2$	N.m
Fluxo luminoso	lúmen	lm	cd	cd.sr
Fluxo magnético	weber	Wb	$Kg.m^2/(s^2.A)$	V.s
Força	newton	N	$Kg.m/s^2$	--
Frequência	hertz	Hz	1/s	--
Indutância	henry	H	$Kg.m^2/(s^2.A^2)$	Wb/A
Intensidade de campo magnético	tesla	T	$Kg/(s^2.A)$	Wb/m^2
Luminosidade	lux	lx	cd/m^2	lm/m^2
Potência	watt	W	$Kg.m^2/s^2$	J/s
Pressão	pascal	Pa	$Kg/(m.s^2)$	N/m2
Resistência elétrica	ohm	Ω	$Kg.m^2/(s^3.A^2)$	V/A
Temperatura em Celsius	grau Celsius	ºC	--	--
Tensão elétrica	volt	V	$Kg.m^2/(s^3.A)$	W/A

É fácil de perceber que, em tese, são possíveis incontáveis as unidades derivadas do SI. Temos por exemplo: m^2, m^3, etc. As tabelas que se seguem não pretendem ser uma lista exaustiva. São, tão somente, uma apresentação organizada, tabelada, das unidades do SI das principais grandezas, acompanhadas dos respectivos nomes e símbolos. Na primeira tabela, unidades que não fazem uso das unidades com nomes especiais:

Grandeza	Unidade	Símbolo
Área	metro quadrado	m^2
Volume	metro cúbico	m^3
Número de onda	por metro	1/m
Densidade de massa	quilograma por metro cúbico	Kg/m^3
Concentração	mol por metro cúbico	mol/m^3
Volume específico	metro cúbico por quilograma	m^3/Kg
Velocidade	metro por segundo	m/s
Aceleração	metro por segundo ao quadrado	m/s^2
Densidade de corrente	ampere por metro quadrado	A/m^2
Campo magnético	ampere por metro	A/m

Grandeza	Unidade	Símbolo	Dimensional	
Velocidade angular	radiano por segundo	rad/s	1/s	Hz
Aceleração angular	radiano por segundo por segundo	rad/s^2	$1/s^2$	Hz^2
Momento de força	newton metro	N·m	$kg·m^2/s^2$	--
Densidade de carga	coulomb por metro cúbico	C/m^3	$A·s/m^3$	--
Campo elétrico	volt por metro	V/m	$kg·m/(s^3·A)$	W/(A·m)
Entropia	joule por kelvin	J/K	$kg·m^2/(s^2·K)$	N·m/K
Calor específico	joule por quilograma por kelvin	J/(kg·K)	$m^2/(s^2·K)$	N·m/(K·kg)
Condutividade térmica	watt por metro por kelvin	W/(m·K)	$kg·m/(s^3·K)$	J/(s·m·K)
Intensidade de radiação	watt por esferorradiano	W/sr	$kg·m^2/(s^3·sr)$	J/(s·sr)

O SI aceita várias unidades que não pertencem ao sistema. As primeiras unidades deste tipo são unidades muito utilizadas no cotidiano:

Grandeza	Unidade	Símbolo	Relação com o SI

Tempo	minuto	min	1 min = 60 s
Tempo	hora	h	1 h = 60 min
			1 h = 3.600 s
Tempo	dia	d	1 d = 24 h
			1 d = 1.440 min
			1 d = 86.400 s
Ângulo plano	grau	°	1° = /180 rad
Ângulo plano	minuto	´	1´= 1/60°
			= $\pi / 10.800 \, rad$
Ângulo plano	segundo	´´	1´´ = 1´/60
			= $\pi / 648.000 \, rad$
Volume	litro	L ou l	1 l = m^3/1.000
Massa	tonelada	t	1 t = 1.000 Kg
Argumento logarítmico ou Ângulo hiperbólico	neper	Np	1 Np = 1
Argumento logarítmico ou Ângulo hiperbólico	bel	B	1 B = 1

Por fim, tem-se unidades que são aceitas temporariamente pelo SI. Seu uso é desaconselhado.

Grandeza	Unidade	Símbolo	Relação com o SI
Comprimento	milha marítima	--	1 milha marítima = 1852 m
Comprimento	ångström	Å	1 Å = 10^{-10} m
Velocidade	nó	--	1 milha marítima por hora
			ou 1.852 m por hora
Área	are	a	1 a = 100 m^2
Área	hectare	ha	1 ha = 10.000 m^2
Área	acre	--	1 acre aprox. 40,47 a
			1 acre = 4.046,8564224 m^2
Área	barn	b	1 b = 10^{-28} m^2
			1 b = 10^{-24} cm^2
Pressão	bar	bar	1 bar = 10.000 Pa

3.2 Prefixos

Os prefixos do SI permitem escrever quantidades sem o uso da notação científica, de maneira mais clara para quem trabalha em uma determinada faixa de valores. Os prefixos oficiais são:

Prefixos do SI						
Prefixo						
Nome	**Símb.**	**1000^m**	**10^n**	**Escala curta**	**Escala longa**	**Equivalente numérico**
iota	Y	1000^8	10^{24}	Septilhão	Quadrilião	1.000.000.000.000.000.000.000.000
zeta	Z	1000^7	10^{21}	Sextilhão	Milhar de trilião	1.000.000.000.000.000.000.000
exa	E	1000^6	10^{18}	Quintilhão	Trilião	1.000.000.000.000.000.000
peta	P	1000^5	10^{15}	Quadrilhão	Milhar de bilião	1.000.000.000.000.000

tera	T	1000^4	10^{12}	Trilhão	Bilião	1.000.000.000.000
giga	G	1000^3	10^9	Bilhão	Milhar de milhão	1.000.000.000
mega	M	1000^2	10^6	Milhão	Milhão	1.000.000
quilo	k	1000^1	10^3	Mil	Milhar	1.000
hecto	h	$1000^{2/3}$	10^2	Cem	Centena	100
deca	da	$1000^{1/3}$	10^1	Dez	Dezena	10
não existe		1000^0	10^0	Unidade	Unidade	1
deci	d	$1000^{-1/3}$	10^{-1}	Décimo	Décimo	0,1
centi	c	$1000^{-2/3}$	10^{-2}	Centésimo	Centésimo	0,01
mili	m	1000^{-1}	10^{-3}	Milésimo	Milésimo	0,001
micro	µ	1000^{-2}	10^{-6}	Milionésimo	Milionésimo	0
nano	n	1000^{-3}	10^{-9}	Bilionésimo	Milésimo de milionésimo	0,000000001
pico	p	1000^{-4}	10^{-12}	Trilionésimo	Bilionésimo	0,000000000001
femto	f	1000^{-5}	10^{-15}	Quadrilionésimo	Milésimo de bilionésimo	0,000000000000001
atto	a	1000^{-6}	10^{-18}	Quintilionésimo	Trilionésimo	0,000000000000000001
zepto	z	1000^{-7}	10^{-21}	Sextilionésimo	Milésimo de trilionésimo	0,000000000000000000001
iocto	y	1000^{-8}	10^{-24}	Septilionésimo	Quadrilionésimo	0,000000000000000000000001

Para utilizá-los, basta juntar o prefixo aportuguesado e o nome da unidade, sem mudar a acentuação, como em nanossegundo, microssegundo, miliampere e deciwatt. Para formar o símbolo, basta juntar os símbolos básicos: nm, µm, mA e dW.

Existem dois importantes casos particulares. São eles os seguintes:

a) Unidades segundo e radiano: é necessário dobrar o "r" e o "s". Exemplos: milissegundo, decirradiano, etc.

b) Especiais: múltiplos e submúltiplos do metro: quilômetro, hectômetro, decâmetro, decímetro, centímetro e milímetro; também nanômetro, picômetro, etc.

Algumas observações também precisam de serem feitas.

Obs.1. O k usado em "quilo", em unidades como quilômetro (km) e quilograma (kg), deve ser grafado em letra minúscula. É errado escrevê-lo em maiúscula.

Obs. 2. Em informática, os símbolos "K", "M", "G" que podem preceder as unidades bits e bytes, provavelmente não se referem ao fator multiplicativo 1000, mas sim a 1024 unidades da grandeza citada (para correção a IEC definiu o chamado prefixo binário onde 1:1024 e o uso dos prefixos da SI passaram a valer 1:1000). O uso desses prefixos se trata na verdade de uma incorreção, já que os prefixos corretos seriam "Ki", "Mi", "Gi" (kibibyte, mebibyte, gibibyte, etc.), conforme a tabela oficial.

Obs. 3. Em unidades como km^2 e km^3 é comum ocorrerem erros de conversão. 1 km^2 = 1.000.000 m^2, porque 1 km × 1 km = 1 km^2, 1 km = 1.000 m, 1.000 m × 1.000 m, então, o produto é de 1.000.000 m^2. Para fazer conversões nesses casos, devem-se colocar mais dígitos por casa numérica: em metros, cada casa tem um dígito (exemplo: 1.000 m = 1 km); em metros quadrados, cada casa numérica tem dois dígitos (exemplo: 1.000 m × 1.000 m = 1.000.000 m^2 = 1 km^2); em metros cúbicos, cada casa numérica tem três dígitos (exemplo: 1.000 m × 1.000 m × 1.000 m = 1.000.000.000 m^3 = 1 km^3).

O nome das unidades deve ser sempre escrito em letra minúscula. Exemplos:

a) quilograma;

b) newton;

c) metro cúbico.

Existem duas exceções. São elas:

a) Quando o nome estiver no início da frase;

b) Em "grau Celsius".

Observação: É importante saber que somente o nome da unidade de medida aceita o plural. As regras para a formação do plural para o nome das unidades de medida seguem a Resolução Conmetro 12/1988. A resolução pode ser consultada em:

https://www.gov.br/agricultura/pt-br/assuntos/inspecao/produtos-vegetal/legislacao-1/biblioteca-de-normas-vinhos-e-bebidas/resolucao-no-12-de-12-de-outubro-de-1988.pdf

Para a pronúncia correta do nome das unidades, deve-se utilizar o acento tônico sobre a unidade e não sobre o prefixo.

Exemplos: micrometro, hectolitro, milissegundo, centigrama, nanometro. Exceções: quilômetro, hectômetro, decâmetro, decímetro, centímetro e milímetro. E ao escrever uma unidade composta, não se deve misturar o nome com o símbolo da unidade. Assim devemos escrever km/h para representar quilômetro por hora. Jamais use algo do tipo quilômetro/h ou ainda km/hora!

As unidades do SI podem ser escritas por seus nomes ou representadas por meio de símbolos. Lembre-se que o símbolo não é uma abreviatura! Portanto, o símbolo não admite plural. Assim sendo, nunca devemos escrever algo como 10 kgs ou 3 hs.

Na escrita de qualquer valor no SI devemos proceder em três etapas. Ficando essas assim determinadas:

a) Escreva o valor numérico (inteiro, decimal ou fracionário);

b) Coloque apenas um espaço em branco após o valor;

c) Escreva o símbolo da unidade a ser expressa.

Vamos mostrar um exemplo para esclarecer.

Ex. Escrevemos 205 quilômetros da seguinte forma: 205 km.

No caso de determinação de horário com precisão de minutos ou segundos, devemos observar que entre cada divisor da hora, devemos colocar um espaço em branco. Vamos ao exemplo para facilitar a compreensão.

Ex. Escrevemos duas horas, trinta e minutos e doze segundos da seguinte forma: 2 h 35 min 12 s. Note que existe um espaço entre todos os elementos dessa representação!

Existe porém uma exceção no uso do espaço em branco entre o valor e o símbolo. É quando se trata de graus de ângulos. Assim escrevemos o valor colado ao símbolo. Vejamos o exemplo sobre essa exceção.

Ex. Escrevemos 11 graus, 9 minutos e 20 segundos da seguinte forma: 11° 9' 20''.

3.3 Relações importantes

Podemos relacionar as medidas de massa com as medidas de volume e capacidade. Assim, para a água pura (destilada) a uma temperatura de 4°C é válida a seguinte equivalência:

a) 1 kg = 1dm3 = 1L;
b) 1m3 = 1 Kl = 1t;
c) 1cm3 = 1ml = 1g;
d) 1 arroba = 15 kg;
e) 1 megaton = 1.000 t ou 1.000.000 kg. Normalmente usado para calcular o impacto de uma explosão.

4. Transformação de unidades de massa

Cada unidade de massa é 10 vezes maior que a unidade imediatamente inferior. Então vamos estudar as unidades de massa mais comuns e suas transformações.
A unidade fundamental de massa chama-se quilograma. O quilograma (kg) é a massa de 1 dm^3 de água destilada à temperatura de 4 °C. Apesar de o quilograma ser a unidade fundamental de massa, utilizamos na prática o grama como unidade principal de massa. Para entendermos as transformações devemos analisar a tabela abaixo com bastante atenção.

Múltiplos			**Unidade principal**	**Submúltiplos**		
quilograma **kg** 1.000g	hectograma **hg** 100g	decagrama **dag** 10g	grama **g** 1g	decigrama **dg** 0,1g	centigrama **cg** 0,01g	miligrama **mg** 0,001g

Vamos fazer alguns exemplos para uma melhor compreensão das transformações de unidades de massa.

Ex. Transformar 4,560 quilogramas em decagramas.
Observe que a unidade do quilograma está situadas duas colunas mais a esquerda do que o decagrama. Como para cada coluna os valores aumentam em 10 vezes, então, de decagrama para quilograma, o aumento será de 100 vezes. Uma forma de provarmos isso é observarmos que um quilograma é equivalente ao total de 1.000 gramas e um decagrama é de apenas 10 gramas, portanto, o decagrama é 100 vezes menor!
Para efetuarmos essa operação vamos simplesmente pegar o valor em quilogramas e multiplicaremos por 100. Ou seja, 4,560 kg vezes 100!

$$4{,}560\, X\, 100 = 456\, dag.$$

Vamos para outro exemplo com uma operação inversa. Isto é, vamos fazer a transformação de uma unidade menor para um maior.
Ex. Transforme 654.300 centigramas em quilogramas.
Note que um centigrama vale 0,01 grama. Isso representa a centésima parte de um grama. E o quilograma representa 1.000 gramas. Então, essas unidades são muito distantes nas suas grandezas. Observando na tabela acima, vemos que são 5 colunas a distância entre essas unidades. Como em cada coluna o valor é multiplicado por 10, então, essa relação do quilograma para o centigrama é de 10.000 vezes maior.
Nesse exemplo precisamos fazer uma divisão e não uma multiplicação. Isso ocorre porque estamos saindo de uma unidade menor para um maior!

$$654.300\, cg = \frac{654.300}{10.000}\, kg = 65{,}43\, kg.$$

Alguns termos usados no comércio são referentes aos valores das massas. Os mas importantes são:
a) Peso bruto que é o peso do produto com a embalagem;
b) Peso líquido que é o peso somente do produto.

4.1 Observações

Guarde esse livro para o seu estudo futuro de disciplinas mais avançadas como física e química. As curiosidades serão bastante úteis!

Obs. 1. Em 16 de novembro de 2018, a 26ª Conferência Geral de Pesos e Medidas (CGPM) votou unanimemente a favor de definições revisadas das unidades básicas do Sistema Internacional de Unidades

(SI), que o Comitê Internacional de Pesos e Medidas (CIPM) havia proposto no ano anterior. As novas definições entrarão em vigor em 20 de maio de 2019. O sistema métrico foi originalmente concebido como um sistema de medição derivável de fenômenos imutáveis, mas limitações técnicas exigiram o uso de artefatos (o protótipo de metro e o protótipo de quilograma) quando o sistema foi introduzido pela primeira vez na França em 1799. Projetado para não degradar ou decair com o tempo, esses protótipos estavam, na verdade, variando quantidades minúsculas de massa ao longo dos anos, mesmo em suas câmaras seladas. As mudanças na massa, e com elas os valores que os artefatos forneciam, eram de cerca de 50 partes por bilhão, tão minúsculas a ponto de serem imperceptíveis sem um equipamento mais sensível hoje. No entanto, sob essa mesma lógica, esses instrumentos mais sensíveis também não podem mais fornecer medições exatas, ou, pelo menos, não dentro de um nível de tolerância aceitável. Segundo o diretor do National Physical Laboratory do Reino Unido, essa flutuação poderia não fazer diferença hoje, mas faria em 100 anos. Em 1960, o metro foi redefinido em termos do comprimento de onda da luz de uma fonte específica, tornando-o derivado de fenômenos naturais universais, deixando o protótipo de quilograma como o único artefato do qual as definições da unidade do SI dependem. Com essa redefinição, o SI é pela primeira vez totalmente derivável de fenômenos naturais. Quilograma, ampere, kelvin e mole foram redefinidos de acordo com valores numéricos exatos para a constante de Planck (h), a carga elétrica elementar (e), a constante de Boltzmann (k) e a constante de Avogadro (NA), respectivamente. O metro e a candela já estão definidos por constantes físicas, sujeitos a correção de suas definições atuais. As novas definições visam melhorar o SI sem alterar o tamanho de nenhuma unidade, garantindo assim a continuidade das medições existentes. A principal mudança anterior do sistema métrico foi em 1960, quando o Sistema Internacional de Unidades (SI) foi formalmente publicado como um conjunto coerente de unidades de medida. O SI é estruturado em torno de sete unidades básicas cujas definições são irrestritas por qualquer outra unidade e por outras 22 unidades nomeadas a partir dessas unidades básicas. Embora o conjunto de unidades formasse um sistema coerente, o quilograma permaneceu definido em termos de um artefato físico e algumas unidades foram definidas com base em medidas difíceis de serem realizadas com precisão em laboratório, como a definição da escala de Kelvin em termos do ponto triplo. As novas definições adotadas pelo CIPM buscam remediar isto ao usar as quantidades fundamentais da natureza como base para derivar as unidades básicas. Isto significará, entre outras coisas, que o protótipo de quilograma deixará de ser usado como a réplica definitiva do quilograma a partir de 20 de maio de 2019. O segundo e o metro já estão definidos dessa maneira. Vários autores publicaram críticas às definições revisadas - incluindo que a proposta não conseguiu abordar o impacto de romper o vínculo entre a definição de dalton e as definições do quilograma, do mole e da constante de Avogadro (NA).

Obs. 2. Em 1983, a 17ª CGPM decidiu redefinir a unidade metro do Sistema Internacional de Unidades. A definição foi mudada para: “O metro é o comprimento do trajeto percorrido pela luz no vácuo durante um intervalo de tempo de 1/299 792 458 de um segundo”. Essa definição resultou na velocidade da luz no vácuo, ter o valor exato de 299 792 458 metros por segundo.

Obs. 3. No sistema em vigor até 19 maio de 2019, os valores das constantes fundamentais eram determinados a partir de experimentos. O quilograma era definido a partir de um protótipo internacional, um cilindro de uma liga de platina e irídio e essa era a unidade utilizada para determinar a massa de um próton, de um elétron ou de outras partículas elementares. Isso levava à situação notável de que os valores das constantes fundamentais estavam em um estado permanente de mudança, já que nossas capacidades de medição eram refletidas nesses valores. A cada quatro anos, para citar um exemplo, um novo valor numérico era atribuído à carga de um elétron. Na realidade, a carga em si não mudou de maneira alguma. O que mudava era meramente nossa capacidade na arte de medir e, portanto, nossa compreensão do mundo. Em nosso mundo de alta tecnologia, no qual o nanometro há muito tempo se tornou comum, qualquer mudança de tamanho em um protótipo têm um impacto significativo na definição de uma unidade e, portanto, deve ser evitada. A menor variação na temperatura leva a uma mudança no comprimento do protótipo, e os resultados ficariam ainda piores caso o protótipo fosse danificado. A solução para esse problema é evitar o uso de uma medida material, como um protótipo, para definir uma unidade e buscar uma constante fundamental. As constantes fundamentais são propriedades físicas invariantes, como a velocidade da luz ou a carga de um elétron. Veja no gráfico como ficaram as unidades de base do SI, após a redefinição.

O quilograma é definido tomando o valor numérico fixo da constante de Planck h como sendo $6.626\ 070\ 15 \times 10^{-34}$ quando expresso na unidade $J\,s$, que é igual a $kg\ m^2 s^{-1}$.

DEFINIÇÃO:

DEFINIÇÃO:

A candela, intensidade luminosa em uma dada direção, é definida tomando o valor numérico fixo da eficácia luminosa da radiação monocromática de frequência $540 \times 10^{12} Hz$, K_{cd} para ser 683 quando expresso na unidade $lm\ W^{-1}$, o que é igual a $cd\ sr\ W^{-1}$, ou $cd\ sr\ kg^{-1} m^{-2} s^{3}$.

DEFINIÇÃO:

O metro é definido tomando-se o valor numérico fixo da velocidade da luz no vácuo c como 299 792 458 quando expresso na unidade ms^{-1}.

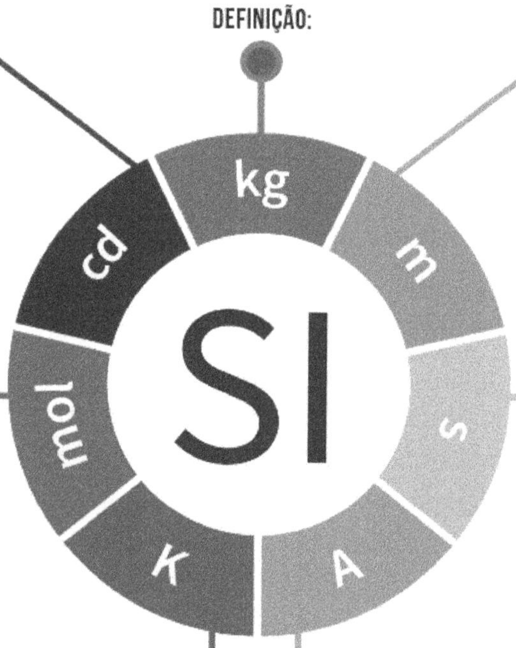

kg

m

cd

SI

s

mol

A

K

DEFINIÇÃO:

O mol é a unidade do SI da quantidade de substância. Um mol contém exatamente $6.022\ 140\ 76 \times 10^{23}$ entidades elementares. Este número é o valor numérico fixo da constante de Avogadro , N_A, quando expressa na unidade mol^{-1} e é chamado de número de Avogadro

DEFINIÇÃO:

O segundo é definido tomando o valor numérico fixo de frequência de césio $\Delta\nu_{Cs}$, a frequência de transição hiperfina do estado fundamental não perturbado do átomo de césio 133 , para ser 9 192 631 770 quando expresso na unidade Hz, que é igual a s^{-1}.

DEFINIÇÃO:

O kelvin é definido tomando-se o valor numérico fixo da constante de Boltzmann k como sendo $1{,}380\ 649 \times 10^{-23}$ quando expresso na unidade JK^{-1}, que é igual a $kg\ m^2 s^{-2} K^{-1}$.

DEFINIÇÃO:

A corrente elétrica, ampere, é definida tomando o valor numérico da carga elementar e para ser $1.602\ 176\ 634 \times 10^{-19}$, quando expresso na unidade C (coulombs), que é igual a $A\ s$.

5. Unidades de tempo

É comum em nosso dia a dia ouvirmos perguntas do tipo:

a) Qual a duração dessa partida de futebol?

b) Qual o tempo dessa viagem?

Todas essas perguntas serão respondidas tomando por base uma unidade padrão de medida de tempo. A unidade de tempo escolhida como padrão no Sistema Internacional (SI) é o segundo. O Sol foi o primeiro relógio do homem: o intervalo de tempo natural decorrido entre as sucessivas passagens do Sol sobre um dado meridiano dá origem ao dia solar. O segundo (s) é o tempo equivalente a **1/86.400** do dia solar médio. As medidas de tempo não pertencem ao Sistema Métrico Decimal.

5.1 Quadro de unidades do segundo

São submúltiplos do segundo:

a) décimo de segundo;

b) centésimo de segundo;

c) milésimo de segundo.

Lembre-se que nunca se escreve "2,40h". Pois o sistema de medidas de tempo não é decimal.

Vamos observar a tabela abaixo sobre os múltiplos do segundo.

Múltiplos		
minutos	**hora**	**dia**
min	h	d
60 s	60 min = 3.600 s	24 h = 1.440 min = 86.400s

Assim, devemos entender que os múltiplos do segundo são o minuto e a hora.

5.2 Unidades de tempo de uso comercial

Algumas medidas de tempo são para uso comercial. Isso não tem relação com o SI. Mas por seu vasto uso, precisamos conhecer essas medidas. São elas:

a) mês (comercial) equivale a 30 dias;

b) ano (comercial) equivale a 360 dias;

c) ano (normal) equivale a 365 dias e 6 horas;

d) ano (bissexto) equivale a 366 dias;

e) semana equivale a 7 dias;

f) quinzena equivale a 15 dias;

g) bimestre equivale a 2 meses;

h) trimestre equivale a 3 meses;

i) quadrimestre equivale a 4 meses;

j) semestre equivale a 6 meses;

k) biênio equivale a 2 anos;

l) lustro ou quinquênio equivale a 5 anos;

m) década equivale a 10 anos;

n) século equivale a 100 anos;

o) milênio equivale a 1.000 anos.

6. Medidas de comprimento

As medidas de comprimento são mecanismos de medição eficazes, uma vez que utilizam como recurso medidas convencionais, tais como milímetro, centímetro, metro, quilômetro. Elas foram criadas justamente para mitigar a probabilidade de ocorrência de erros no momento em que era necessário mensurar as coisas. Aqui você vai conhecer essas unidades.

A medida base no Sistema Internacional de Medidas (SI) é o metro. O metro possui múltiplos, que correspondem a grandes distâncias e submúltiplos, que por sua vez correspondem a pequenas distâncias.

São múltiplos do metro: quilômetro (km), hectômetro (hm) e decâmetro (dam).

Os submúltiplos do metro são: decímetro (dm), centímetro (cm) e milímetro (mm).

Vamos observar a tabela abaixo para entender melhor essas unidades.

Múltiplos			**metro**	**Submúltiplos**	
km	**hm**	**dam**	**m**	**dm**	**cm**
1.000 m	**100 m**	**10 m**	**1 m**	**0,1 m**	**0,01 m**

A régua a seguir define essas unidades de forma detalhada. Observe:

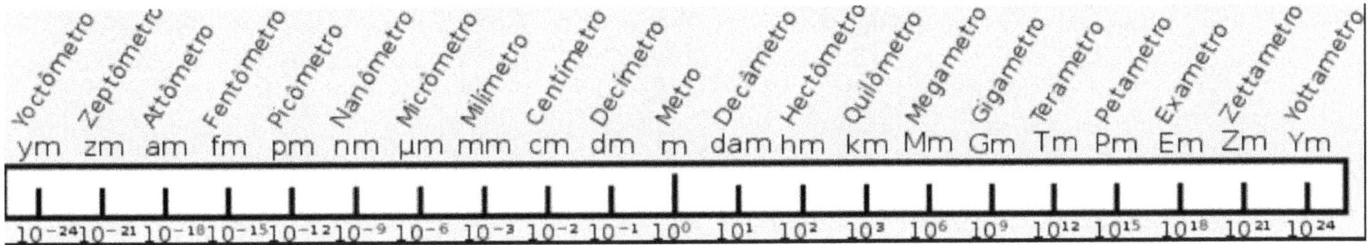

Oficialmente como deve ser definido o metro no SI. Essa é a dúvida de todos os que estudam as unidades de comprimento. Como definir o metro. Vamos entender isso melhor…

Em 22 de junho de 1799 foram depositados, nos Arquivos da República em Paris, dois protótipos de platina iridiada, que representam o metro e o quilograma, e que ainda hoje são conservados no Escritório Internacional de Pesos e Medidas (Bureau International des Poids et Mesures) na França.

Em 20 de maio de 1875 um tratado internacional conhecido como Convention du Mètre (Convenção do Metro), foi assinado por 17 Estados e estabeleceu a criação do Bureau International des Poids et mesures (BIPM), um laboratório permanente e centro mundial da metrologia científica, e da Conférence Générale des Poids et mesures (CGPM), que em 1889, em sua 1ª edição, definiu o protótipos internacional de metro.

A medida definida por convenção, com base nas dimensões da Terra, equivale à décima milionésima parte do quadrante de um meridiano terrestre. Porém, a crescente demanda de mais precisão do referencial e possibilidade de sua reprodução mais imediata levaram os parâmetros da unidade básica a serem reproduzidos em laboratório e comparados a outro valor constante no universo, que é a velocidade de propagação eletromagnética.

Assim sendo, a décima milionésima parte do quadrante de um meridiano terrestre, medida em laboratório, corresponde ao espaço linear percorrido pela luz no vácuo durante um intervalo de tempo correspondente a 1/299.792.458 de segundo, e que continua sendo o metro padrão.

Nota: O trajeto total percorrido pela luz no vácuo em um segundo se chama segundo luz. A adoção desta definição corresponde a fixar a velocidade da luz no vácuo em 299.792.458 m/s.

6.1 Relação do metro com outras unidades

A tabela define as relações do metro com outras unidades de medida. Vejamos essa tabela com calma...

Unidade	Valor
1 polegada (1")	0,0254 m
1 pé (1')	0,3048 m
1 jarda (1 yd)	0,9144 m
1 légua	5 590 m
1 milha terrestre	1 609,3 m
1 milha marítima	1 852 m
1 braça	1,8288 m
1 vara	1,1 m

7. Medidas de volume

As unidades de volume são sempre analisadas em três dimensões. A medida de volume no sistema internacional de unidades (SI) é o metro cúbico (m^3). Sendo que 1 m^3 corresponde ao espaço ocupado por um cubo de 1 m de aresta. Neste caso, o volume é encontrado multiplicando-se o comprimento, a largura e a altura do cubo.

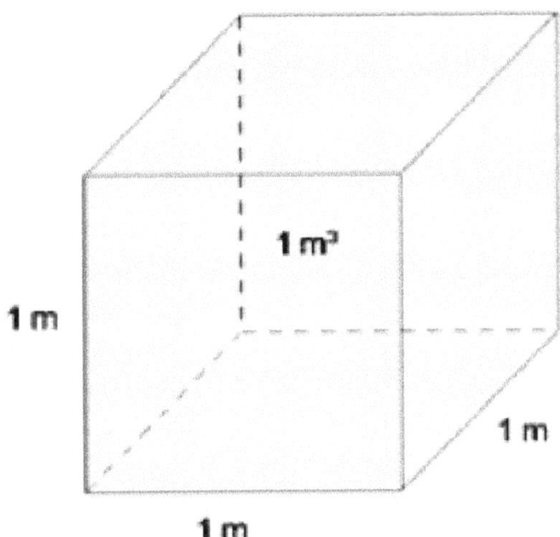

As unidades do sistema métrico decimal de volume são: quilômetro cúbico (km3), hectômetro cúbico (hm3), decâmetro cúbico (dam3), metro cúbico (m3), decímetro cúbico (dm3), centímetro cúbico (cm3) e milímetro cúbico (mm3). As transformações entre os múltiplos e submúltiplos do m3 são feitas multiplicando-se ou dividindo-se por 1000.

Vamos usar a régua de transformação a seguir para entender como se converte entre as unidades oficiais de volume.

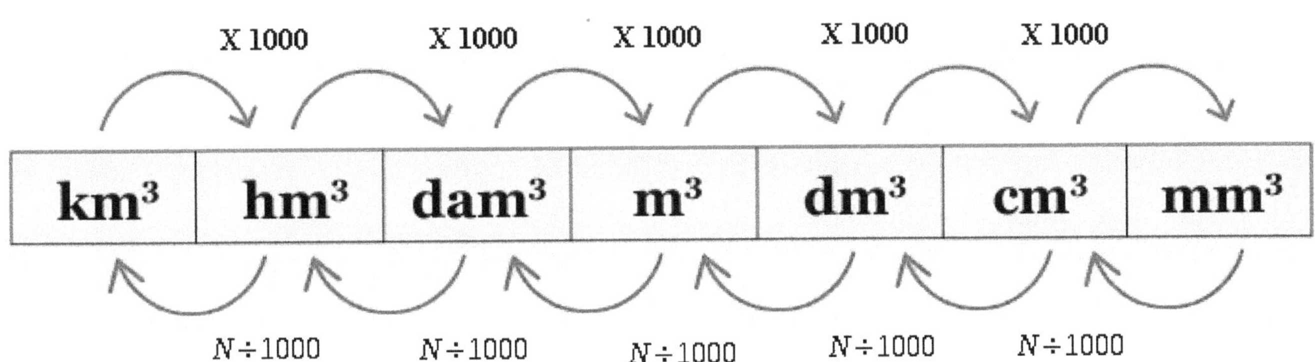

Os múltiplos são utilizados quando há quantidades maiores que o litro:

a) Quilômetro cúbico (km^3);

b) Hectômetro cúbico (hm^3);

c) Decâmetro cúbico (dam^3).

Já os submúltiplos são utilizados quando há quantidades menores que o litro:

a) Decímetro cúbico (dm^3);

b) Centímetro cúbico (cm^3);

c) Milímetro cúbico (mm^3).

Múltiplo	Nome	Símbolo	Submúltiplo	Nome	Símbolo
10^0	**metro cúbico**	m^3			
10^1	decametro cúbico	dam^3	10^{-1}	decimetro cúbico	dm^3
10^2	hectometro cúbico	hm^3	10^{-2}	centimetro cúbico	cm^3
10^3	quilometro cúbico	km^3	10^{-3}	milimetro cúbico	mm^3
10^6	megametro cúbico	Mm^3	10^{-6}	micrometro cúbico	μm^3
10^9	gigametro cúbico	Gm^3	10^{-9}	nanometro cúbico	nm^3
10^{12}	terametro cúbico	Tm^3	10^{-12}	picometro cúbico	pm^3
10^{15}	petametro cúbico	Pm^3	10^{-15}	femtometro cúbico	fm^3
10^{18}	exametro cúbico	Em^3	10^{-18}	attometro cúbico	am^3
10^{21}	zettametro cúbico	Zm^3	10^{-21}	zeptometro cúbico	zm^3
10^{24}	yottametro cúbico	Ym^3	10^{-24}	yoctometro cúbico	ym^3

Vamos a um exemplo simples de conversão.

Ex. Quanto é o equivalente em litros de 3,85 m^3?

Como 1 m^3 vale 1.000 litros, então, multiplicamos por 1.000. Assim, fazemos a seguinte operação:

$3{,}85\,X\,1.000 = 3.850$ litros.

Ex. Vamos agora encher uma piscina num clube. As medidas dessa piscina são 5,00 metros de largura, 12,00 metros de comprimento e uma profundidade de 1,20 metro. Sabendo essas dimensões, precisamos determinar a quantidade de litros de água para encher a piscina.

Resolvendo para podermos nadas a vontade…

As medidas são: 5,00 m X 12,00 m X 1,20 m = 72 m^3

Sendo que 1 m^3 = 1.000 litros.

Portanto, 72 m^3 equivale a 72.000 litros.

Vemos então que em algumas questões usa-se o metro cúbico e em outras o litro. Isso normalmente é de acordo com o tipo do objeto a ser estudado. Quando usamos sólidos, normalmente usamos o metro cúbicos e quando usamos líquidos ou gases devemos usar o litro. Porém, isso não é uma regra. Pode ocorrer de usar líquidos com metro cúbico, etc. Em vários estudos se refere ao cálculo com líquidos pelo termo de "unidades de capacidade".

No caso dos líquidos as unidades de múltiplo e submúltiplos são definidas a seguir…

Múltiplos: a) Quilolitro; b) Hectolitro; c) Decalitro.

Submúltiplos: a) Decilitro; b) Centilitro; c) Mililitro.

Múltiplo	Nome	Símbolo	Submúltiplo	Nome	Símbolo
10^0	**litro**	L			
10^1	decalitro	daL	10^{-1}	decilitro	dL
10^2	hectolitro	hL	10^{-2}	centilitro	cL
10^3	quilolitro	kL	10^{-3}	mililitro	mL
10^6	megalitro	ML	10^{-6}	microlitro	µL
10^9	gigalitro	GL	10^{-9}	nanolitro	nL
10^{12}	teralitro	TL	10^{-12}	picolitro	pL
10^{15}	petalitro	PL	10^{-15}	femtolitro	fL
10^{18}	exalitro	EL	10^{-18}	attolitro	aL
10^{21}	zettalitro	ZL	10^{-21}	zeptolitro	zL
10^{24}	yottalitro	YL	10^{-24}	yoctolitro	yL

7.1 Metro cúbico

O metro cúbico (símbolo: m3) é uma unidade de medida de volume equivalente a mil litros. É o padrão no Sistema Internacional de Unidades e é derivado do metro, sendo equivalente ao volume de um cubo com arestas de 1 metro. O metro cúbico equivale também a um quilolitro. Observar que no SI o símbolo do metro é escrito corretamente com letra minúscula; o símbolo na imagem está escrito no alfabeto cirílico, no qual a letra maiúscula e minúscula (Mм) têm a mesma aparência.

O litro, unidade popularmente usada, equivale a 0,001 m3, ou a um decímetro cúbico. Seu símbolo é m^3. Em ocasiões, se abrevia como: cu m; m3; M3, m^3; m**3; CBM; ou cbm quando não é possível usar “super índices” nem linguagem de marcação. Se abrevia CBM e cbm, no âmbito dos negócios de transporte de carga, e MTQ (ou com a chave numérica 49), nos negócios internacionais.

As equivalências para conversões mais comuns são:

a) 1.000.000.000 mm^3;

b) 1.000.000 cm^3;

c) 1.000 dm^3;

d) 0,001 dam^3;

e) 0,000 001 hm3;

f) 0,000 000 001 km3.

7.2 Deca

Cujo o símbolo é **da**, é um prefixo do Sistema Internacional de Unidades (SI) de unidades que denota um fator de 10^1, ou 10. É um Prefixo de número derivado do grego δέκα. O prefixo foi adotado pela França em 1795 e internacionalmente em 1960. Porém não possui um uso muito comum. Algumas vezes é escrito como D, Da, ou dk, estas variações não são definidas pelo SI.

As referências no SI são:

a) 1 decâmetro equivale a 10 metros;

b) 1 decalitro equivale a 10 litros.

7.3 Hectolitro

Hecto (símbolo h) é um prefixo do SI de unidades que denota um fator de 10^2, ou 100. Adotado em 1795, o prefixo vem do grego ἑκατόν, significando centena. Por exemplo: 1 hectare = 100 ares = 1 hm^2 = 10.000 m^2

Assim, um hectolitro é o equivalente ao volume de 100 litros.

8 Unidades de volume fora do SI

Outras unidades surgem em vários locais e vão sendo difundidas em sistemas regionais. Com a globalização, se tornou necessário o conhecimento das principais unidades fora do SI. As principais são estudadas abaixo!

8.1 Tonel

Tonel é uma grande vasilha para líquidos de capacidade igual ou superior a duas pipas - pode considerar-se a média de 1.000 quilos.

8.2 Pipa

Pipa é uma vasilha grande de madeira usada para armazenamento de líquidos. É usada para envelhecer os destilados, tornando-os mais ricos em compostos fenólicos. É uma unidade de medida de capacidade para líquidos, de origem europeia, geralmente equivalente a meio tonel ou 21 a 25 almudes.

Na Região Demarcada do Douro (ou Alto Douro Vinhateiro), a mais antiga região demarcada do mundo, a sua capacidade é de 550 litros. As pipas podem ser feitas em madeira de carvalho ou de Castanea sativa.

Essa região fica em Portugal é a UNESCO a classificou como "Patrimônio da Humanidade" desde 14 de dezembro de 2001.

Região Demarcada do Douro - Portugal

8.3 Almude

O almude é uma unidade de medida de capacidade para líquidos, especialmente para vinho, que variava de região para região. Deriva do árabe al-mudd e aparece na documentação portuguesa desde a primeira metade do século XI.

Tal como nas regiões ibéricas sob domínio árabe, a sua capacidade tinha no noroeste cristão e nesta época um valor próximo de 0,7 litros. No sistema do Condado Portucalense, o almude equivalia a 2 alqueires (cerca de 6,7 litros). No sistema introduzido por Dom Afonso Henriques e utilizado quase até ao fim da primeira dinastia, parece que o almude equivalia ao alqueire desse sistema (8,7 litros). No sistema introduzido por Dom Pedro I, o almude equivalia novamente a 2 alqueires (cerca de 19,7 litros).

No sistema de Lisboa, adaptado e generalizado a todo o reino por Dom Manuel I, o almude equivalia a cerca de 16,8 litros. Na época moderna, o almude oficial era pois de 16,8 litros, no entanto, em diferentes regiões de Portugal, usavam-se almudes que podiam atingir o equivalente a dois alqueires. Além disso, podiam existir almudes diferentes para diferentes líquidos. Assim, por exemplo, no concelho de Santo Tirso havia duas medidas distintas: a norte do rio Ave, um almude equivalia a 15 litros de vinho.

No mesmo concelho, no Vale do Leça, já equivalia a 25 litros. Em Coimbra o almude era equivalente a 20 litros se fosse de vinho e 10 litros se fosse de azeite.

8.4 Galão

Galão (abreviação: gal) é uma unidade de medida de volume de líquidos, utilizada na comunidade anglo-saxónica. Existem atualmente três definições em uso: Galão líquido (EUA); Galão seco (EUA); Galão imperial (Reino Unido).

8.4.1 Galão líquido

Galão líquido (EUA), de 231 in^3 ou 3,785411784 litros, além de: 0,0238095238095240 barris estadunidenses; 4 quartos estadunidenses; 8 quartilhos estadunidenses; 32 gills estadunidenses; 128 onças líquidas estadunidenses.

8.4.2 Galão seco

Galão seco (EUA), de 4,40488377086 litros, além de: 8 quartilhos; 4 quartos; 0,5 pecks; 0,125 bushels;

8.4.3 Galão imperial

Galão imperial (Reino Unido), de 4,54609 litros, além de: 0,028571428571429 barris britânicos; 4 quartos britânicos; 8 quartilhos britânicos; 32 gills britânicos; 160 onças líquidas britânicas.

A palavra "galão" também foi usada para traduzir inúmeras unidades estrangeiras da mesma magnitude. A unidade de galões dos EUA para matérias secas é uma unidade menos utilizada atualmente. Antigamente, o volume de um galão dependia do que se estava medindo, e aonde. Mas no século XIX existiam duas definições de uso comum: o galão de vinho (wine gallon), e o galão de cerveja britânico (ale gallon).

Em 1824, a Grã Bretanha adotou uma aproximação do galão de cerveja conhecido como galão imperial. Este galão estava baseado no volume de 10 libras de água destilada pesado no ar, com uma pressão barométrica de 30 polegadas de mercúrio (1.016 milibares (mbar) ou 101,6 kPa) e a uma temperatura de 62 °F (16,667°C), da onde resultam aproximadamente 277,41945 polegadas cúbicas (4,5461 dm^3).

Porém, nos Estados Unidos se adotou outra medida padrão baseada no galão de vinho, e definida como o volume de um cilindro de 6 polegadas de comprimento e 7 de diâmetro, ou 230,907 polegadas cúbicas. Mas hoje em dia, o galão estadunidense mede exatamente 231 polegadas cúbicas. Assim, 10 galões estadunidenses equivalem a 8,3267418462899 galões imperiais. O galão imperial é aproximadamente um 20% maior que o estadunidense.

Diferenças entre o galão imperial e o galão estadunidense - Ambos galões equivalem a 8 pintos, embora nos Estados Unidos um pinto equivale a 16 onças fluidas (fluid ounces), enquanto que o pinto imperial equivale a 20 onças fluidas. Assim, o galão estadunidense equivale a 128 onças fluidas, enquanto que o galão imperial equivale a 160. Isto quer dizer que a onça fluida estadunidense mede 1,8047 polegadas cúbicas, e a imperial mede 1,7339 polegadas cúbicas. Assim, a onça fluida estadunidense é maior que a imperial, embora o galão estadunidense seja menor.

Galão de cerveja britânico - Usado para medir o volume contido nos recipientes de cerveja. Ainda se usa no Reino Unido e equivale a 282 polegadas cúbicas, em outras cifras: 4,621152048 litros.

8.5 Quarto

O quarto é uma unidade de volume usada no sistema imperial de medidas. Existem dois tipos de quartos: Imperial; Estadunidense.

8.5.1 Quarto imperial ou britânico

Um quarto imperial ou britânico equivale a 1,1365225 litros e também a: 0,0071428571428571 barris imperiais; 0,25 galões imperiais; 2 pintos imperiais; 8 gills imperiais; 40 onças líquidas imperiais

8.5.2 Quarto estadunidense

Um quarto estadunidense equivale a 0,946352946 litros e também a: 0,005952380952381 barris estadunidenses; 0,25 galões estadunidenses; 2 pintos estadunidenses; 8 gills estadunidenses; 32 onças líquidas estadunidenses.

8.6 Pinto

O pinto, pinta, ou quartilho (pint em língua inglesa), é uma unidade de medida pré-métrica de volume, que equivaleria cerca de 0,665 litros, e que foi usada tanto na Europa continental (inclusive em Portugal), como no sistema inglês ou imperial de medidas.

Ainda usado no Reino Unido, um pint (1 Imp. pt.) equivale a 568,26125 mL, e nos Estados Unidos (1 US liquid pt.) equivale a 473,176473 mL (1 US. gal. = 8 US. pt.). Na Austrália usa-se, desde a conversão para o sistema métrico, o metric pint ("pinto métrico"), que equivale a meio litro (5 decilitros). Em França, la pinte referia-se geralmente a um volume de 952,146 mililitros, mas a medida (e a palavra) raramente são usadas hoje em dia. No Quebec, Canadá, o termo "pinte" ainda é usado frequentemente como sinónimo de "litro", sobretudo aplicado a leite ("pinte de lait"), embora as medidas não sejam exactamente iguais. Meia pinte é designada por "une chopine". Uma chopine canadiana é equivalente a um pint estadunidense. Na parte flamenga da Bélgica serve-se um pint, ou pintje, em copos de 250 mL. Na Alemanha é usada a palavra "Pinte", mas esta refere-se geralmente a um estabelecimento onde é servida cerveja, e não a uma medida fixa.

8.6.1 Pinto métrico ou britânico

O pinto métrico é equivalente a: 0,0035714285714286 barris imperiais; 0,125 galões imperiais; 0,5 quartos imperiais; 4 gills imperiais; 20 onças líquidas imperiais.

8.6.2 Pinto estadunidense

O pint ou pinto é muito comum na fabricação de canecas para cerveja. O pinto estadunidense é equivalente a: 0,0029761904761905 barris estadunidenses; 0,125 galões estadunidenses; 0,5 quartos estadunidenses; 4 gills estadunidenses; 16 onças líquidas estadunidenses.

8.7 Gill

O Gill é uma unidade de volume no sistema imperial, usado no Reino Unido e nos Estados Unidos. A versão imperial usada no Reino Unido é de 5 onças líquidas, e é equivalente a 142,0653125 ml; enquanto que nos EUA é de 4 onças líquidas, e é equivalente a 118,29411825 ml.

8.7.1 Gill imperial ou britânico

É equivalente a: 0,00089285714285714 barris imperiais; 0,03125 galões imperiais; 0,125 quartos imperiais; 0,25 pintos imperiais; 5 onças líquidas imperiais.

8.7.2 Gill estadunidense

É equivalente a: 0,00074404761904762 barris estadunidenses: 0,03125 galões estadunidenses; 0,125 quartos estadunidenses; 0,25 pintos estadunidenses; 4 onças líquidas estadunidenses.

8.8 Onça líquida

A onça líquida ou fluída ("fl. Oz" por sua abreviatura no inglês) é uma medida de volume utilizada frequentemente nos países anglo-saxões para indicar o conteúdo de alguns recipientes, como embalagens de líquidos ou mamadeiras.

Também é a unidade de medida utilizada pelos barman para a elaboração de coqueteis. A onça líquida britânica é igual a 28,4130625 ml, e a onça líquida americana é igual a 29,5735295625 ml.

É normal encontrar produtos no mercado brasileiro com valores não arredondados, como 473 ml ou 237 ml devido ao maquinário e padronização dos produtos adaptados para o uso da onça líquida.

8.8.1 Onça líquida imperial ou britânica

Equivale a: 0,00017857142857143 barris imperiais; 0,00625 galões imperiais; 0,025 quartos imperiais; 0,05 pintos imperiais; 0,2 gills imperiais; 8 dracmas líquidos imperiais; 24 escrópulos líquidos; 480 minims imperiais.

8.8.2 Onça líquida americana

Equivale a: 0,0001860119047619 barris estadunidenses; 0,0078125 galões estadunidenses; 0,03125 quartos estadunidenses; 0,0625 pintos estadunidenses; 0,25 gills estadunidenses; 8 dracmas líquidos estadunidenses; 480 minims estadunidenses.

8.9 Barril

É uma unidade de medida de volume aplicada geralmente ao petróleo líquido (em geral, ao petróleo cru). Por razões históricas, a correspondência em litros varia entre cerca de 100 litros (22 galões imperiais ou 26 galões americanos) a cerca de 200 litros (44 galões imperiais ou 53 galões americanos), havendo ainda correspondências em que o barril é igual a 158,987 litros (se for o barril estadunidense) ou a 159,113 litros (se for o barril imperial britânico). O barril é representado por bbl, com os seus múltiplos Mbbl (mil barris) e MMbbl (um milhão de barris).

8.9.1 Barril britânico ou imperial

É equivalente a: 35 galões britânicos ou imperiais; 140 quartos britânicos ou imperiais; 280 pintos britânicos ou imperiais; 1120 gills britânicos ou imperiais; 5600 onças líquidas britânicas ou imperiais; 159,11315 litros.

8.9.2 Barril estadunidenses

É equivalente a: 42 galões estadunidenses; 168 quartos estadunidenses; 336 pintos estadunidenses; 1344 gills estadunidenses; 5376 onças líquidas estadunidenses; 158,987294928 litros.

8.9.3 Barril de petróleo cru estadunidense

É equivalente a 42 galões estadunidenses; 158,987294928 litros.

8.9.4 Barril de petróleo cru britânico ou imperial

É equivalente a 35 galões britânicos ou imperiais; 159,11315 litros.

8.9.5 BEP (Barril equivalente de petróleo)

Unidade de medição de consumo de energia. Equivalente a 1.680 kWh.

8.9.6 TEP (Tonelada equivalente de petróleo)

Unidade de medição de consumo de energia. Equivalente a 12.000 kWh.

8.10 Famga

Fanga ou fanega, em Portugal, designa uma antiga unidade de medida de volume ou capacidade ou equivalente a quatro alqueires. Por extensão, designava também a porção de terra arável que levava quatro alqueires de semente. Na Espanha, é também uma unidade da metrologia tradicional anterior ao estabelecimento do sistema métrico decimal.

Assim como em Portugal, é tanto unidade de volume ou capacidade, como unidade de superfície. Era usada para medir a quantidade de produtos agrícolas (especialmente cereais) e de terras agrícolas. Subdivide-se em dois quartos, quatro quartilhas ou doze celemins.

8.11 Quilate

No que se refere a pedras preciosas, como o diamante, um quilate representa uma massa igual a duzentos miligramas. A unidade de massa foi adotada em 1907 na Quarta Conferência Geral de Pesos e Medidas. O quilate pode ser subdividido ainda em 100 pontos de 2 mg cada.

Aplicado ao ouro, entretanto, o quilate é uma medida de pureza do metal, e não de massa. É a razão entre a massa de ouro presente e a massa total da peça, multiplicada por 24, sendo cada unidade de quilate equivalente a 4,1666 % em pontos percentuais de ouro do total.

A pureza do ouro é expressa pelo número de partes de ouro que compõem a barra, pepita ou joia. O ouro de um objeto com 16 partes de ouro e 8 de outro metal é de 16 quilates. O ouro puro tem 24 quilates.

Ouro 24 quilates equivale ao ouro puro — como é praticamente impossível o ouro ter uma pureza completa, o teor máximo é de 99,99% e assim chamado de ouro 9999. Impróprio para fabricação de joias por ser muito maleável.

Ouro 22 quilates equivale a 22/24 — 91,6% de ouro, também chamado de ouro 916.

Ouro 20 quilates equivale a 20/24 — 83,3% de ouro, também chamado de ouro 833.

Ouro 19,2 quilates equivale a 19,2/24 — 80,0% de ouro, também chamado de ouro 800 ou Ouro Português.

Ouro 18 quilates equivale a 18/24 — 75% de ouro, também chamado de ouro 750.

Ouro 16 quilates equivale a 16/24 — 66,6% de ouro, também chamado de ouro 666.

Ouro 14 quilates equivale a 14/24 — 58,3% de ouro, também chamado de ouro 583.

Ouro 12 quilates equivale a 12/24 — 50% de ouro, também chamado de ouro 500.

Ouro 10 quilates equivale a 10/24 — 41,6% de ouro, também chamado de ouro 416.

Ouro 1 quilate equivale a 1/24 — 4,1666% de ouro, também chamado de ouro 41.

Desta forma, o ouro 18 quilates tem 75% de ouro, e o restante são ligas metálicas adicionadas fundindo-se o ouro com esses metais num processo conhecido como quintagem, para garantir maior durabilidade e brilho à joia.

Os elementos dessas ligas geralmente adicionados ao ouro podem variar muito em função da cor, ou ponto de fusão desejado e em algumas joalherias, essa fórmula é mantida como segredo industrial. Os metais mais comuns utilizados nessas ligas são o cobre, a prata, o zinco, o níquel, o cádmio, resultando em um ouro com coloração amarela.

Existe também o ouro branco, que é feito com ligas utilizando o paládio que tem efeito descoloridor, nesse caso o ouro branco no processo final de acabamento a joia é submetida a um banho de ródio.

8.12 Stone

É uma unidade de massa usada somente no sistema imperial do Reino Unido, embora usada também por outros países da Commonwealth. É igual a 14 libras, ou seja 6,35029318 quilogramas, a que corresponde o peso aproximado de 62,3 newtons. Se abrevia st, e suas equivalências são: 98.000 grãos; 3.584 dracmas avoirdupois; 224 onças avoirdupois; 14 libras avoirdupois; 0,560 arrobas; 0,14 quintais curtos; 0,125 quintais longos.

O "stone" (pedra em português) usou-se historicamente para pesar os artigos agrícolas. Por exemplo: vendiam-se as batatas tradicionalmente em stones e meios stones (14 libras e 7 libras respetivamente).

Historicamente o número de libras num "stone" variou por causa do artigo a ser medido, pois não era o mesmo em todas as vezes e lugares.

Diferentes artigos pesados em "stones", mas que têm um número diferente de libras:

Lã: 14, 15, ou 24 libras.

Cera: 12 libras.

Açúcar e especiarias: 8 libras.

Carne de boi e de carneiro: 8 libras.

O "stone" também demonstra uma certa quantidade ou peso de alguns artigos. Um "stone" de carne, em Londres, é igual a oito libras; em Hertfordshire, doze libras; na Escócia, dezesseis libras.

Embora em 1985 a Acta de Pesos e Medidas proibiu o uso do "stone" como uma unidade de medida para fins comerciais (assim como uma unidade suplementária), ainda é usado dentro do Reino Unido como um meio de expressar o peso do corpo humano amplamente.

As pessoas nestes países normalmente expressam o seu peso da seguinte maneira: "11 stones 4" (11 stones e 4 libras), em vez de "72 quilogramas" (dito na maioria dos outros países) ou "158 libras" (a maneira convencional de expressar o mesmo peso nos Estados Unidos e Canadá). Seu uso familiar estendeu-se de forma rápida no Reino Unido, comparando-se com outras unidades imperiais (como o pé, a polegada, e a milha) que já foram substituídas completamente (ou em parte) pelas unidades métricas, consideradas agora de uso oficial naquele país.

As distâncias ou comprimentos, e as unidades de velocidade, ainda se expressam oficialmente em jardas, milhas e MPH no Reino Unido, e dento do uso oficial, as medidas de massa se expressam em "stones" e "quilogramas" para o peso do corpo humano.

Canadá usa o sistema métrico atualmente. Fora do Reino Unido, o "stone" pode ser usado também para expressar o peso do corpo nos contextos casuais de outros países da Commonwealth.

Vamos inclusive fazer uma observação sobre a "Commonwealth". Haja visto que a Rainha da Inglaterra ainda é um símbolo político de grande importância global, então, isso reforça a necessidade de citarmos a Commonwealth.

Commonwealth ou Comunidade das Nações - é uma organização intergovernamental composta por 53 países membros independentes. Todas as nações membros da organização, com exceção de Moçambique (antiga colónia do Império Português) e Ruanda (antiga colónia dos impérios Alemão e Belga), faziam parte do Império Britânico, do qual se separaram. Os Estados-membros cooperam num quadro de valores e objetivos comuns, conforme descrito na Declaração de Singapura. Estes incluem a promoção da democracia, direitos humanos, boa governança, Estado de Direito, liberdade individual, igualitarismo, livre comércio, multilateralismo e a paz mundial. A Commonwealth não é uma união política, mas uma organização intergovernamental através da qual os países com diversas origens sociais, políticas e econômicas são considerados como iguais em status. As atividades da Commonwealth são realizadas através do permanente Secretariado da Commonwealth, chefiado pelo Secretário-Geral, e por reuniões bienais entre os Chefes de Governo da Commonwealth. O símbolo da sua associação livre é o chefe da Commonwealth, que é uma posição cerimonial atualmente ocupada pela rainha Isabel II. Isabel II é também a monarca, separada e independentemente, de 16 membros da Commonwealth, que são conhecidos como os "reinos da Commonwealth". A Commonwealth é um fórum para uma série de organizações não governamentais, conhecidas coletivamente como a "família da Commonwealth", que são promovidas através da intergovernamental Fundação Commonwealth. Os Jogos da Commonwealth, a atividade mais visível da organização, são um produto de uma dessas entidades. Estas organizações fortalecem a cultura compartilhada da Commonwealth, que se estende através do esporte comum, patrimônio literário e práticas políticas e jurídicas. Devido a isso, os países da Commonwealth não são considerados "estrangeiros" uns aos outros. Refletindo esta missão, missões diplomáticas entre os países da Commonwealth são designadas como Altas Comissões, em vez de embaixadas.

8.13 Quintal

É a denominação de várias unidades de medida de massa. Consoante o país e a época, o quintal teve vários valores.

8.13.1 Quintal português

Em Portugal, o Quintal teve vários padrões ao longo dos tempos. Com as Ordenações Manuelinas, 1 quintal era de 4 arrobas. Nesta altura a unidade era o marco de Colónia. No tempo dos Descobrimentos, havia dois tipos de "quintais": Quintal de peso grande; Quintal de peso pequeno.

8.13.2 Quintal de peso grande ou ordinário

O mesmo que está exibido na tabela de abaixo): tinha 4 arrobas de 32 arráteis e 512 onças (16 onças por arrátel).

8.13.3 Quintal de peso pequeno

Tinha 4 arrobas de 28 arráteis e 392 onças (14 onças por arrátel). Oito quintais de peso pequeno correspondiam a sete de peso grande. A pimenta era vendida em quintais de peso pequeno na Casa da Índia, e era com bases nestes que eram calculados os direitos.

D. João VI em 1812 estabeleceu que 1 Quintal eram 10 arrobas. Com a adopção da Convenção do Metro em 1875, implementada pela Lei de 19 de Abril de 1876, estas medidas deixam de existir oficialmente em Portugal, apesar de a sua designação ter passado a ser utilizada relativamente a múltiplos de quilo.

8.13.4 Quintal métrico

É o segundo múltiplo do quilograma e o quinto do grama. Também leva o nome de decitonelada, e quando é mencionado desta forma se considera primeiro submúltiplo da tonelada métrica. Esta é uma unidade muito difundida atualmente para pesar as colheitas. Equivalências: 100.000 gramas; 10.000 decagramas; 1.000 hectogramas; 100 quilogramas; 10 miriagramas; 0,1 toneladas métricas.

8.13.5 O quintal curto ou quintal dos Estados Unidos

Abreviado "cwt" é denominado s em inglês, e equivale a 45,359237 kg, além de: 700.000 grãos; 25.600 dracmas avoirdupois; 1.600 onças avoirdupois; 100 libras avoirdupois; 4 arrobas; 0,2 quartos curtos; 0,045 toneladas curtas.

O quintal longo ou quintal britânico - E também abreviado como "cwt" é uma antiga unidade de medida britânica, denominada long hundredweight em inglês, equivalente a 50,80234544 kg, além de: 784.000 grãos; 28.672 dracmas avoirdupois; 1.792 onças avoirdupois; 112 libras avoirdupois; 8 stones; 0,2 quartos longos; 0,05 toneladas longas. Com a adoção do sistema métrico no Reino Unido, o quintal longo deixou de ser usado oficialmente.

8.14 Sesteiro

Era a unidade básica de medida de volume para líquidos do Império Romano, sendo usada, posteiriormente em outros países e regiões. O sesteiro romano (em Latim: sextarius) correspondia, aproximadamente, a 54 cl.

Além disso, no Império Romano existiam as unidades de volume: sexto de sesteiro (sextante), terço de sesteiro (triente), meio sesteiro (hemina) e dois terços de sexteiro (choenix).

9. Simon Stevin – Um mito das unidades

Simon Stevin (holandês - 1548–1620), às vezes chamado de Stevinus, era um matemático, físico e engenheiro militar flamengo. Ele fez várias contribuições em muitas áreas da ciência e da engenharia, tanto teóricas quanto práticas. Ele também traduziu vários termos matemáticos para o holandês, tornando-o uma das poucas línguas europeias em que a palavra para matemática, wiskunde (wis e kunde, ou seja, "o conhecimento do que é certo"), não era um empréstimo do gregomas um calque via latim. Ele também substituiu a palavra chemie, o holandês para química, por scheikunde ("a arte de separar"), feita em analogia com wiskunde.

Muito pouco se sabe com certeza sobre a vida de Stevin e o que sabemos é principalmente inferido de outros fatos registrados. A data exata de nascimento e a data e local de sua morte são incertos.

Presume-se que ele nasceu em Bruges desde que se matriculou na Universidade de Leiden com o nome de Simon Stevinus Brugensis (que significa "Simon Stevin de Bruges"). Seu nome é geralmente escrito como Stevin, mas alguns documentos sobre seu pai usam a grafia Stevijn (pronúncia [ˈsti: vaɪn]). Esta é uma mudança normal de grafia no holandês do século 16.

A mãe de Simon, Cathelijne (ou Catelyne) era filha de uma família rica de Ypres. Seu pai Hubert era umpobre de Bruges. Cathelijne casou-se mais tarde com Joost Sayon, que estava envolvido com o comércio de tapetes e seda e membro da schuttersgilde Sint-Sebastiaan. Por meio de seu casamento, Cathelijne tornou-se membro de uma família de calvinistas e Simon provavelmente foi criado na fé calvinista. Acredita-se que Stevin cresceu em um ambiente relativamente rico e teve uma boa educação. Ele provavelmente foi educado em uma escola de latim em sua cidade natal.

Stevin deixou Bruges em 1571 aparentemente sem um destino específico. Stevin provavelmente era um calvinista, já que um católico provavelmente não teria ascendido à posição de confiança que mais tarde ocupou com Maurice, Príncipe de Orange . Supõe-se que ele deixou Bruges para escapar da perseguição religiosa aos protestantes pelos governantes espanhóis. Com base nas referências em seu trabalho "Wisconstighe Ghedaechtenissen" (Memórias matemáticas), inferiu-se que ele deve ter se mudado primeiro para Antuérpia, onde começou sua carreira como balconista. Alguns biógrafos mencionam que ele viajou para a Prússia, Polônia, Dinamarca,Noruega e Suécia e outras partes do norte da Europa , entre 1571 e 1577. É possível que ele tenha completado essas viagens por um período de tempo mais longo. Em 1577, Simon Stevin voltou a Bruges e foi nomeado secretário municipal pelos vereadores de Bruges, função que ocupou de 1577-1581. Ele trabalhou no escritório de Jan de Brune do Brugse Vrije , o castelão de Bruges.

Por que ele havia retornado a Bruges em 1577 não está claro. Pode ter sido relacionado aos eventos políticos daquele período. Bruges foi palco de intenso conflito religioso. Católicos e calvinistas controlavam alternadamente o governo da cidade. Eles geralmente se opunham, mas ocasionalmente colaboravam para neutralizar os ditames do rei Filipe II da Espanha. Em 1576, um certo nível de tolerância religiosa oficial foi decretado. Isso poderia explicar por que Stevin voltou a Bruges em 1577. Mais tarde, os calvinistas tomaram o poder em muitas cidades flamengas e encarceraram clérigos católicos e governadores seculares que apoiavam os governantes espanhóis. Entre 1578 e 1584, Bruges foi governada por calvinistas.

Em 1581, Stevin deixou sua Bruges natal e mudou-se para Leiden, onde frequentou a escola de latim. Em 16 de fevereiro de 1583 ele se matriculou, sob o nome de Simon Stevinus Brugensis (que significa "Simon Stevin de Bruges"), na Universidade de Leiden , que foi fundada por Guilherme, o Silencioso em 1575. Aqui ele fez amizade com o segundo filho de Guilherme, o Silencioso e herdeiro do príncipe Maurício , o conde de Nassau. Stevin está listado nos registros da Universidade até 1590 e aparentemente nunca se formou.

Após o assassinato de William, o Silencioso, e a tomada do cargo de pai pelo Príncipe Maurice, Stevin tornou-se o principal conselheiro e tutor do Príncipe Maurice. O príncipe Maurice pediu seu conselho em muitas ocasiões e fez dele um funcionário público - primeiro diretor da chamada "waterstaet" (a autoridade governamental para obras públicas, especialmente gestão de água) a partir de 1592, e posteriormente intendente geral do exército dos Estados Gerais. O Príncipe Maurice também pediu a Stevin que fundasse uma escola de engenharia na Universidade de Leiden.

Stevin mudou-se para Haia, onde comprou uma casa em 1612. Casou-se em 1610 ou 1614 e teve quatro filhos. É sabido que ele deixou uma viúva com dois filhos quando morreu em Leiden ou Haia em 1620.

Stevin é responsável por muitas descobertas e invenções. Ele foi um pioneiro no desenvolvimento e na aplicação prática de ciências (relacionadas à engenharia), como matemática , física e ciências aplicadas, como engenharia hidráulica e topografia. Acredita-se que ele tenha inventado as frações decimais até meados do século 20, mas os pesquisadores descobriram mais tarde que as frações decimais já foram introduzidas pelo estudioso islâmico medieval al-Uqlidisi em um livro escrito em 952. Além disso, um desenvolvimento sistemático das frações decimais foi dado bem antes de Stevin no livro Miftah al-Hisab escrito em 1427 por Al-Kashi.

Seus contemporâneos ficaram muito impressionados com a invenção do chamado iate terrestre, uma carruagem com velas, cujo modelo foi preservado em Scheveningen até 1802. A carruagem em si já havia se perdido muito antes. Por volta do ano 1600, Stevin, com o príncipe Maurício de Orange e outras 26 pessoas, usou a carruagem na praia entre Scheveningen e Petten. A carruagem era movida exclusivamente pela força do vento e adquiria uma velocidade que ultrapassava a dos cavalos.

9.1 Gestão dos cursos de água

O trabalho de Stevin no waterstaet envolveu melhorias nas eclusas e vertedouros para controle de inundações , exercícios de engenharia hidráulica. Já havia moinhos de vento em uso para bombear a água, mas em Van de Molens (Nos moinhos), ele sugeriu melhorias, incluindo ideias de que as rodas deveriam se mover lentamente com um sistema melhor para engrenar os dentes da engrenagem. Isso triplicou a eficiência dos moinhos de vento usados no bombeamento de água dos pólderes. Ele recebeu uma patente por sua inovação em 1586.

9.2 Filosofia da ciência

O objetivo de Stevin era trazer uma segunda era de sabedoria , na qual a humanidade teria recuperado todo o seu conhecimento anterior. Ele deduziu que a língua falada nesta época teria que ser o holandês, porque, como ele mostrou empiricamente , naquela língua, mais conceitos poderiam ser indicados com palavras monossilábicas do que em qualquer uma das línguas (europeias) com as quais ele os comparou. Esta foi uma das razões pelas quais ele escreveu todas as suas obras em holandês e deixou a tradução delas para outros fazerem. A outra razão era que ele queria que suas obras fossem praticamente úteis para pessoas que não dominavam a linguagem científica comum da época, o latim. Graças a Simon Stevin, o idioma holandêsobteve seu vocabulário científico adequado, como " wiskunde " ("kunst van het gewisse de zekere" a arte do que é conhecido ou do que é certo) para a matemática, " natuurkunde " (a "arte da natureza") para a física, " scheikunde " (a "arte da separação") para a química, " sterrenkunde " (a "arte das estrelas") para a astronomia, " meetkunde " (a "arte de medir") para a geometria.

9.3 Geometria, física e trigonometria

Foi o primeiro a mostrar como modelar poliedros regulares e semiregulares delineando suas estruturas em um plano. Ele também distinguiu equilíbrios estáveis de instáveis.

Stevin contribuiu para a trigonometria com seu livro "De Driehouckhandel". Nas Propriedades dos Pesos Oblíquos - Teorema XI, Proposição XIX, ele derivou a condição para o equilíbrio de forças sobre planos inclinados usando um diagrama com uma "coroa" contendo massas redondas espaçadas uniformemente sobre os planos de um prisma triangular.

Ele concluiu que os pesos necessários eram proporcionais aos comprimentos dos lados nos quais eles repousavam, assumindo que o terceiro lado era horizontal e que o efeito de um peso era reduzido de maneira semelhante. Está implícito que o fator de redução é a altura do triângulo dividido pelo lado (o senodo ângulo do lado em relação à horizontal).

O diagrama de prova deste conceito é conhecido como "Epitáfio de Stevinus". Conforme observado por EJ Dijksterhuis , a prova de Stevin do equilíbrio em um plano inclinado pode ser criticada por usar o movimento perpétuo para implicar uma reductio ad absurdum . Dijksterhuis diz que Stevin "intuitivamente fez uso do princípio de conservação de energia ... muito antes de ser formulado explicitamente".

Ele demonstrou a resolução de forças diante de Pierre Varignon , o que não havia sido observado anteriormente, embora seja uma simples consequência da lei de sua composição.

Stevin descobriu o paradoxo hidrostático , que afirma que a pressão em um líquido é independente da forma do vaso e da área da base, mas depende apenas de sua altura. Ele também deu a medida para a pressão em qualquer parte da lateral de um vaso. Ele foi o primeiro a explicar as marés usando a atração da lua. Em 1586, ele demonstrou que dois objetos de pesos diferentes caem com a mesma aceleração.

9.4 Teoria musical

A primeira menção de temperamento igual relacionado à décima segunda raiz de dois no Ocidente apareceu no manuscrito inacabado de Simon Stevin, Van de Spiegheling der singconst (cerca de 1605), publicado postumamente trezentos anos depois, em 1884; no entanto, devido à precisão insuficiente de seu cálculo, muitos dos números (para o comprimento da corda) que ele obteve estavam desviados em uma ou duas unidades dos valores corretos. Ele parece ter sido inspirado pelos escritos do lutenista e teórico musical italiano Vincenzo Galilei (pai de Galileo Galilei), um ex-aluno de Gioseffo Zarlino .

9.5 Escrituração

A escrituração por partidas dobradas pode ter sido do conhecimento de Stevin, já que ele era escriturário em Antuérpia em sua juventude, seja praticamente ou por meio de obras de autores italianos como Luca Pacioli e Gerolamo Cardano . No entanto, Stevin foi o primeiro a recomendar o uso de contas impessoais na família nacional. Ele o aplicou ao príncipe Maurice e o recomendou ao estadista francês Sully.

9.6 Fracções decimais

Escreveu um livreto de 35 páginas chamado De Thiende ("a arte dos décimos"), publicado pela primeira vez em holandês em 1585 e traduzido para o francês como La Disme. O título completo da tradução em inglês era Aritmética decimal : ensinando como realizar todos os cálculos por números inteiros sem frações , pelos quatro princípios da aritmética comum: a saber, adição, subtração, multiplicação e divisão . Os conceitos mencionados no livreto incluíam frações unitárias e frações egípcias. Matemáticos muçulmanos foram os primeiros a utilizar decimais em vez de frações em grande escala. O livro de Al-Kashi , Key to Arithmetic , foi escrito no início do século 15 e foi o estímulo para a aplicação sistemática de decimais a números inteiros e frações deles. Mas ninguém estabeleceu seu uso diário antes de Stevin. Ele sentiu que essa inovação era tão significativa que declarou que a introdução universal da cunhagem, medidas e pesos decimais era apenas uma questão de tempo.

Sua notação é um tanto pesada. O ponto que separa os inteiros das frações decimais parece ser invenção de Bartholomaeus Pitiscus , em cujas tabelas trigonométricas (1612) ocorre e foi aceito por John Napier em seus papéis logarítmicos (1614 e 1619).

Stevin imprimiu pequenos círculos em torno dos expoentes das diferentes potências de um décimo. Que Stevin pretendia que esses numerais circulados denotassem meros expoentes, fica claro pelo fato de que ele empregou o mesmo símbolo para potências de quantidades algébricas . Ele não evitou expoentes fracionários; apenas expoentes negativos não aparecem em seu trabalho.

Stevin escreveu sobre outros assuntos científicos - por exemplo, ótica, geografia, astronomia - e vários de seus escritos foram traduzidos para o latim por W. Snellius (Willebrord Snell). Há duas edições completas em francês de suas obras, ambas impressas em Leiden, uma em 1608 e a outra em 1634.

9.7 Matemática pura

Escreveu sua Aritmética em 1594. O trabalho trouxe ao mundo ocidental pela primeira vez uma solução geral da equação quadrática , originalmente documentada quase um milênio antes por Brahmagupta na Índia.

De acordo com van der Waerden , Stevin eliminou "a restrição clássica de 'números' a inteiros (Euclides) ou a frações racionais (Diofantes) ... os números reais formavam um continuum. Sua noção geral de um número real era aceita, tacitamente ou explicitamente, por todos os cientistas posteriores ". Um estudo recente atribui um papel maior a Stevin no desenvolvimento dos números reais do que foi reconhecido pelos seguidores de Weierstrass. Stevin provou o teorema do valor intermediário para polinômios, antecipando a prova de Cauchy disso. Stevin usa uma divisão para conquistarprocedimento subdividindo o intervalo em dez partes iguais. Os decimais de Stevin foram a inspiração para o trabalho de Isaac Newton sobre séries infinitas.

Stevin considerou a língua holandesa excelente para redação científica e traduziu muitos dos termos matemáticos para o holandês. Como resultado, o holandês é uma das poucas línguas da Europa Ocidental que possui muitos termos matemáticos que não se originam do grego ou do latim. Isso inclui o próprio nome wiskunde (matemática).

9.8 Linguagem

Seu olho para a importância de que a linguagem científica seja a mesma que a linguagem do artesão pode mostrar na dedicação de seu livro De Thiende ('O Disme' ou 'A Décima'): 'Simon Stevin deseja aos astrônomos, agrimensores, medidores de tapetes, medidores de corpo em geral, medidores de moedas e comerciantes boa sorte. ' Mais adiante, no mesmo panfleto, ele escreve: "Nos ensina todos os cálculos que as pessoas precisam sem usar frações. Pode-se reduzir todas as operações para somar, subtrair, multiplicar e dividir com inteiros."

Algumas das palavras que ele inventou evoluíram: 'aftrekken' (subtrair) e 'delen' (dividir) permaneceram as mesmas, mas com o tempo 'menigvuldigen' tornou-se 'vermenigvuldigen' (multiplique , o 'ver' adicionado enfatiza o fato de que é uma ação) 'Vergaderen' (reunião) tornou-se 'optellen' (adicionar lit. contagem crescente). Outro exemplo é a palavra holandesa para diâmetro: 'middellijn', lit .: linha no meio.

A palavra 'zomenigmaal' (quociente lit. 'tantas vezes') tornou-se o talvez menos poético 'quotiënt' no holandês moderno.

Outros termos não chegaram ao holandês matemático moderno, como 'teerling' (morrer , embora ainda sendo usado no significado como morrer), em vez de cubo. Seus livros foram bestsellers.

9.9 Curiosidades

A associação de estudos de engenharia mecânica na Technische Universiteit Eindhoven , WSV Simon Stevin, recebeu o nome de Simon Stevin. Em memória de Stevin, a associação chama seu bar de "De Weeghconst" e possui uma frota autoconstruída de iates terrestres .

Stevin, citado como Stevinus, é um dos autores favoritos - se não o autor favorito - de Uncle Toby Shandy em Laurence Sterne 's A Vida e Opiniões de Tristram Shandy Cavalheiro .

Citação: Um homem com raiva não é um dissimulador inteligente.

Em Bruges, há uma Praça Simon Stevin que contém uma estátua de Stevin feita por Eugène Simonis . A estátua incorpora o diagrama de plano inclinado de Stevin. Operando a partir do porto de Oostende está um navio de pesquisa / levantamento que leva seu nome.

9.10 Publicações

Entre outros, ele publicou:

Tafelen van Interest (tabelas de juros) em 1582 com problemas de valor presente de juros simples e compostos e tabelas de juros que não haviam sido publicadas anteriormente por banqueiros;

Problemata geometrica em 1583;

De Thiende (La Disme , décimo) em 1585 em que decimais foram introduzidos na Europa;

La pratique d'arithmétique em 1585;

L'arithmétique em 1585 em que apresentou um tratamento uniforme para resolver equações algébricas;

Dialectike ofte bewysconst (Dialética, ou Arte da Demonstração) em 1585 em Leyden por Christoffel Plantijn. Publicado novamente em 1621 em Rotterdam por Jan van Waesberge de Jonge.

De Beghinselen Der Weeghconst em 1586, acompanhado por De Weeghdaet;

De Beghinselen des Waterwichts (Princípios sobre o peso da água) em 1586 sobre o tema da hidrostática;

Vita Politica . Chamado Burgherlick leven (vida civil) em 1590;

De Stercktenbouwing (A construção de fortificações) publicado em 1594;

De Havenvinding (descoberta de posição) publicada em 1599;

De Hemelloop em 1608, no qual expressou apoio à teoria copernicana .

Em Wiskonstighe Ghedachtenissen (Mathematical Memoirs, Latin : Hypomnemata Mathematica) de 1605 a 1608. Isso incluiu trabalhos anteriores de Simon Stevin como De Driehouckhandel (Trigonometria), De Meetdaet (Prática de medição) e De Deursichtighe (Perspectiva), que ele editou e publicou;

Castrametatio, dat is legermeting e Nieuwe Maniere van Stercktebou door Spilsluysen (Novas formas de construção de eclusas) publicado em 1617;

De Spiegheling der Singconst (Teoria da arte de cantar).

"Œuvres mathématiques ..., Leiden, 1634.

10. Fundamentos da notação científica

Notação científica é o modo como ficou conhecida a técnica de escrever números reais muito pequenos ou muito grandes por meio do uso de uma potência de base dez.
A forma que as notações científicas assumem, portanto, é: $a\,10^n$
Nessa disposição, **a** é chamado de mantissa, ou coeficiente, e **n** é chamado de expoente, ou ordem de grandeza. Assim, podemos representar os números nesse formato em qualquer grandeza.
Ex.1. $0{,}00095 = 95 * 10^{-5}$
Ex.2. $846 * 10^{3} = 846.000$
Ex.3. $642 * 10^{-3} = 0{,}642$
Ex.4. $0{,}00246 = 246 * 10^{-5}$

10.1 Mantissa

A mantissa, ou coeficiente, é obtida ao posicionar a vírgula à direita do primeiro algarismo significativo do número. Esse reposicionamento da vírgula deve ser feito a partir de divisões ou multiplicações por potências de base dez. Uma técnica prática para essas multiplicações e divisões será discutida mais adiante.
Na forma de notação científica, a mantissa do número 0,00058 é 5,8. Isso acontece porque o primeiro algarismo significativo é quatro.
A mantissa do número 3123456 é 3,123456, pois o primeiro algarismo significativo é três, embora todos sejam significativos. Por fim, a mantissa, ou coeficiente, do número 0,000000009 é 9. Isso acontece porque 9,0 = 9.

10.2 Ordem de grandeza

É assim conhecida porque é ela quem determina quais as dimensões do número em notação científica.
Imaginemos a notação científica que possui a seguinte mantissa: 9,10938356. Entretanto, num mundo de pesquisas científicas mais precisas, esse número não oferece as reais dimensões de uma questão envolvendo a nanotecnologia.
Para isso, existe a ordem de grandeza.
A massa que estamos nos referindo é da ordem de 10^{-28} gramas, ou seja, a massa molecular da pesquisa é de: $9{,}10938356 * 10^{-28} = 0{,}000000000000000000000000000910938356$ grama.
Se o número a ser escrito na forma de notação científica for decimal, de modo que a vírgula tenha de ser deslocada para a direita para encontrar a mantissa, a ordem de grandeza será negativa e igual ao número de casas decimais que a vírgula deslocou.
Caso a vírgula precise ser deslocada para a esquerda para encontrar a mantissa, a ordem de grandeza será positiva e igual ao número de casas decimais que a vírgula deslocou.
Observe o exemplo acima! Até posicionar a vírgula no lado direito do primeiro algarismo significativo, nesse caso o número nove, ela teve de ser deslocada por 28 casas decimais para a direita.
Assim, a ordem de grandeza desse número será – 28. Agora, observe o exemplo do número 896000000000.
Quando um número não tem vírgula, significa que ele é inteiro. Nesse caso, podemos adicionar a vírgula e o zero à direita do número, como a seguir: 896000000000,0. Assim, o primeiro algarismo significativo é o número oito. Como a vírgula terá de ser deslocada onze casas decimais para a esquerda, então, a ordem de grandeza desse número será onze positivo.

10.3 Como escrever em notação científica

Para escrever os números na forma de notação científica, basta substituir "a" pelo valor encontrado para a mantissa e "n" pelo valor encontrado para a ordem de grandeza na fórmula a seguir: $a\,10^n$. Observe que, multiplicando a mantissa pela potência de dez com a ordem de grandeza do número inicial, o resultado sempre será esse número.

Ex.5. Escrevendo 0,57 na forma de notação científica. A mantissa é 5,7 porque dois é o primeiro algarismo significativo. Para isso, a vírgula deve ser deslocada uma casa para a direita. Nesse caso, a ordem de grandeza é – 1. Assim: $0,57=5,7*10^{-1}$.

Ex.6. Escrevendo 567000000 na forma de notação científica, como ficaria? Vamos pensar um pouco... A mantissa é 5,67. Para isso, a vírgula deve ser deslocada por nove casas decimais para a esquerda. Assim, a ordem de grandeza é + 8.
Assim, temos: $567.000.000=5,67*10^{8}$.

10.4 Multiplicação nesse formato
A multiplicação de números na forma de notação científica é feita multiplicando os números, repetindo a base 10 e somando os expoentes.

Ex.7. Determinar o produto de **a** vezes **b**. Sendo que a = $9,32*10^{2}$ e b = $3,19*10^{3}$.
Primeiro passo – Multiplique os números. Nesse caso, multiplicamos 9,32 * 3,19 = 29,7308.
Segundo passo – Some os expoentes. Nesse caso, somamos 2+3 = 5.
Terceiro passo – Montamos a notação científica. Fica assim: $29,7308*10^{5}$.

Ex. 8. Determinar o produto de equação z vezes y. Onde z = $2,13*10^{3}$ e y = $1,09*10^{4}$.
O primeiro passo fica assim: 2,13 * 1,09 = 2,3217.
O segundo passo fica sendo a soma dos expoentes 3 e 4. Então fica sendo 7.
O terceiro passo é a montagem da notação científica e fica assim: $2,3217*10^{7}$.

Divisão nesse formato
A divisão é muito simples. Basta dividir os números normalmente e subtrair os expoentes. Vejamos uns exemplos para uma melhor compreensão.

Ex.9. Encontre o quociente de j dividido por k. Onde j = $4,8*10^{6}$ e k = $1,6*10^{2}$.
Primeiro passo – Dividindo os números. Assim temos $4,8\div1,6=3$.
Segundo passo – Subtraímos os expoentes. Assim temos $6-2=4$.
Terceiro passo – Montagem da notação científica. Temos o quociente $3*10^{4}$.

Ex.10. Dado o quociente $5*10^{3}$ e sabendo-se que o primeiro termo da divisão é $8*10^{7}$. Determine o segundo termo dessa divisão.
Primeiro passo – Sabemos que um número x foi gerado pela divisão por 8 e seu resultado foi 5. Então basta dividir 8 por 5. Encontramos 1,6.
Segundo passo – Sabemos que os expoentes quando subtraídos de 7 resultaram em 3. Portanto o número que falta para essa subtração é 4.
Terceiro passo – Montando a notação científica temos o segundo termo da divisão como sendo o seguinte: $1,6*10^{4}$.

10.5 Adição nesse formato
Isso se faz usando números com os mesmos expoentes! Isso é fundamental. Basta somar os números e repetir o expoente.

Ex.11. Vamos somar as notações $2,5*10^{4}+3,7*10^{4}$.
Fazemos a soma dos números. Assim temos 2,5 + 3,7 = 6,2.
Agora montamos a notação mantendo o mesmo expoente. Fica assim: $6,2*10^{4}$.

Ex.12. Adicionar as notações científicas de expoente 5 e números de base contidos no conjunto g abaixo. Conjunto g = {1, 2, 3}.
Vamos somar os elementos do conjunto g. Temos a soma dos números de 1 até 3. Essa soma é 6. O expoente sabemos que é 5. Portanto a notação científica fica sendo: $6*10^5$.

10.6 Subtração nesse formato

A subtração é simples. Basta subtrair os números da base e manter o expoente. Devemos ter sempre o mesmo expoente!

Ex.13. Fazer a subtração das seguintes notações científicas: $7{,}1*10^3-3{,}6*10^3$.
Subtraímos as bases. Assim temos 7,1 – 3,6 = 3,5. Mantemos o expoente que é 3.
Assim, a notação científica será $3{,}5*10^3$.

10.7 Curiosidades

Nota 1. A primeira tentativa conhecida de representar números demasiadamente extensos foi empreendida pelo matemático e filósofo grego Arquimedes, e descrita em sua obra O Contador de Areia, no século III a.C.. Ele desenvolveu um método de representação numérica para estimar quantos grãos de areia seriam necessários para preencher o universo. O número estimado por ele foi de $1*10^{63}$ grãos.
Foi através da notação científica que foi concebido o modelo de representação de números reais através de ponto flutuante. Essa ideia foi proposta independentemente por Leonardo Torres y Quevedo (1914), Konrad Zuse (1936) e George Robert Stibitz (1939). A codificação em ponto flutuante dos computadores atuais é basicamente uma notação científica de base 2.
A programação dos computadores fez uso de números em notação científica e consagrou uma representação sem números sobrescritos, em que a letra “E” separa a mantissa do expoente. Assim, $1{,}74*10^3 e 2{,}38*10^2$ são representados respectivamente por 1.74E3 e 2.38E2 (como a maioria das linguagens de programação são baseadas na língua inglesa, as vírgulas são substituídas por pontos).

11. Medidas de Temperatura

A unidade básica de temperatura (símbolo: T) no SI é o kelvin (K). Tanto o kelvin quanto o grau Celsius (°C) são definidos, por meio de um acordo internacional, por dois pontos: o zero absoluto e o ponto triplo da água (considerando a proporção de isótopos encontrada nas águas oceânicas - padrão de Viena).

11.1 Zero absoluto

É definido precisamente como 0 K e -273,15 °C. O zero absoluto é definido como a temperatura na qual toda a energia cinética das partículas cessa, ou seja, quando as partículas se tornam imóveis. A noção de partículas imóveis apenas faz sentido dentro da física clássica e a média das energias cinética das partículas não se aplica como definição para as temperaturas muito próximas ao zero absoluto, devendo neste caso uma parcela ser subtraída desta energia para obter-se a correta definição de temperatura, a saber a parcela correspondente à energia cinética do estado fundamental das partículas. Assim, mesmo sob a temperatura de zero absoluto, as partículas não ficam totalmente imóveis; ao contrário, os átomos e moléculas estão no estado fundamental e retém movimentos quânticos. No zero absoluto, a matéria não contém energia térmica.

Além disso, o ponto triplo da água é precisamente definido como 273,16 K e 0,01 °C. Esta definição fixa a unidade da escala kelvin como uma parte em 273,16 partes da diferença entre as temperaturas do zero absoluto e do ponto triplo da água.

11.2 Grau Celsius

A escala Celsius (unidade °C), também conhecida como a escala centígrada, é uma escala termométrica do sistema métrico usada na maioria dos países do mundo. Teve origem a partir do modelo proposto pelo astrônomo sueco Anders Celsius (1701-1744).

Esta escala é baseada nos pontos de fusão e de ebulição da água, em condição atmosférica padrão, aos quais são atribuídos os valores de 0 °C e 100 °C, respectivamente. Devido a esta divisão centesimal, se deu a antiga nomenclatura grau centígrado (cem partes/graus) que, em 1948, durante a 9.ª Conferência Geral de Pesos e Medidas (CR 64), teve seu nome oficialmente modificado para grau Celsius, em reconhecimento ao trabalho de Anders Celsius e para fim de desambiguação com o prefixo centi do Sistema Internacional de Unidades.

Enquanto que os valores de congelamento e evaporação da água estão aproximadamente corretos, a definição original não é apropriada como um padrão formal pois ela depende da definição de pressão atmosférica padrão, que por sua vez depende da própria definição de temperatura. A definição oficial atual de grau Celsius define 0,01 °C como o ponto triplo da água, e 1 grau Celsius como sendo 1/273,16 da diferença de temperatura entre o ponto triplo da água e o zero absoluto. Esta definição garante que 1 grau Celsius apresente a mesma variação de temperatura que 1 kelvin.

Em 1742, o astrônomo sueco Anders Celsius (1701-1744), publicou nos Anais da Academia Real das Ciências da Suécia, seu trabalho intitulado "Observações sobre dois graus persistentes de um termômetro". Neste trabalho, Celsius considerou que uma substância pura muda de estado físico à temperatura constante e baseado nisso, propôs uma nova escala termométrica, a escala de graus centígrados, na qual definiu a temperatura 0 como sendo a temperatura medida no termômetro equivalente à temperatura em que a água entra em ebulição e 100 sendo a temperatura equivalente ao ponto em que o gelo derrete. Desta forma, diferentemente da convenção moderna, um menor valor representaria uma temperatura mais alta e um maior valor, uma temperatura mais baixa neste modelo.

Embora existiram alguns trabalhos paralelos nos anos seguintes, apresentando o valor 0 para o ponto de derretimento do gelo e 100 para o ponto de ebulição da água, como o "Termômetro de Lyon", os créditos pela inversão da escala de graus centígrados foram dados ao botânico sueco Carolus Linnaeus (1707-1778) e ao fabricante sueco de instrumentos científicos Daniel Ekström (1711-1755), que juntos produziram o "Termômetro de Linnaeus".

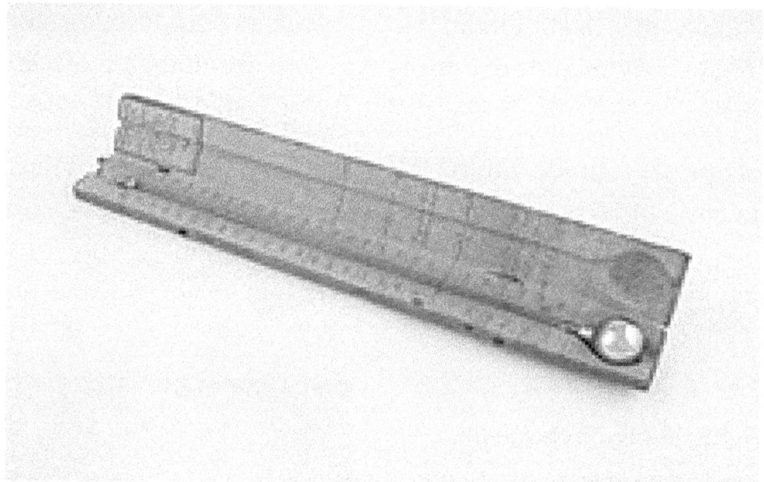

Termômetro de Lyon - Museu da Ciência de Londres

Anteriormente ao modelo proposto por Celsius, já existiam outras escalas baseadas nos estados físicos da água, como a escala Réaumur. Mas devido à sua simplicidade, a escala centígrada tornou-se mundialmente conhecida, inclusive servindo de base para a criação de outros modelos, com é o caso da escala Kelvin. Em 1948, durante a 9.ª Conferência Geral de Pesos e Medidas, a escala centígrada teve seu nome oficialmente modificado para escala Celsius, como meio de resolver as confusões geradas com o prefixo centi do SI e como forma de homenagear o astrônomo sueco.

A escala Celsius é usada em quase todo o mundo. Nos Estados Unidos, Fahrenheit é a escala preferida para medidas de temperatura no dia a dia. Deve ser notado, no entanto, que mesmo estes países usam Celsius ou Kelvin em aplicações científicas. Em telejornais e termômetros de grandes avenidas do Brasil sempre se referem à temperatura na escala Celsius, expressando-a apenas com o símbolo do grau (°).

Tal notação provoca algumas confusões para visitantes norte-americanos e é considerada errada pelo SI (Sistema Internacional de Unidades), uma vez que o símbolo do grau após a grandeza numérica desacompanhado da letra C representa o símbolo de ângulo. Os termômetros científicos têm em seu interior mercúrio, sendo que os caseiros geralmente contêm álcool (de cor azulada ou avermelhada). Os mais modernos e também precisos são feitos pela união de dois metais diferentes, originando um termopar. A maioria dos termômetros e termostatos modernos utilizam um termopar.

Como várias aplicações usam escalas distintas de graus para medição da temperatura, se faz uso de uma tabela mundial para converter entre essas unidades.

Fenômeno	Celsius	Kelvin	Fahrenheit
Ponto de ebulição da água	100 °C	373,15 K	212 °F
Ponto de ebulição do mercúrio	356,73 °C	629,88 K	674,114 °F
Ponto de fusão da água	0 °C	273,15 K	32 °F
Ponto de fusão do dióxido de silício (valor aproximado)	1700 °C	1973,15 K	3092 °F
Ponto de fusão do mercúrio	-38,83 °C	234,32 K	-37,894 °F
Ponto triplo da água	0,01 °C	273,16 K	32,018 °F
Temperatura corporal média	37 °C	310,15 K	98,6 °F
Zero absoluto	-273,15 °C	0 K	-459,67 °F

Podemos fazer as conversões com uso dessa tabela de forma simples.

Conversão de	para	Fórmula
grau Celsius	Fahrenheit	°F = °C × 1,8 + 32
grau Fahrenheit	Celsius	°C = (°F − 32) / 1,8
grau Celsius	kelvin	K = °C + 273,15
kelvin	Celsius	°C = K − 273,15
grau Celsius	rankine	°R = (°C + 273,15) × 1,8
rankine	Celsius	°C = (°R ÷ 1,8) – 273,15

11.3 Kelvin

O kelvin (símbolo: K) é a unidade de base do Sistema Internacional de Unidades (SI) para a grandeza temperatura termodinâmica. O kelvin é a fração 1/273,16 da temperatura termodinâmica do ponto triplo da água, ou seja, é definido de tal modo que o ponto triplo da água é exatamente 273,16 K. É uma das sete unidades de base do SI, muito utilizada na física e química. É utilizado para medir a temperatura absoluta de um objeto, com zero absoluto sendo 0 K.

A escala kelvin recebeu este nome em homenagem ao físico e engenheiro irlandês William Thomson (1824–1907), 1° barão Kelvin, que escreveu sobre a necessidade de uma "escala termométrica absoluta". Diferentemente do grau Fahrenheit e do grau Celsius, o kelvin não é referido nem escrito como um grau. O kelvin é a unidade primária de medida de temperatura nas ciências físicas, mas é frequentemente usado em conjunção com o grau Celsius, que tem a mesma magnitude.

A escala kelvin foi proposta em 1848 por William Thomson (Lorde Kelvin), que escreveu em seu artigo, On an Absolute Thermometric Scale, a necessidade de uma escala em que "frio infinito" (zero absoluto) fosse o ponto nulo da escala. Thomson calculou que o zero absoluto é equivalente a -273 °C. Esta escala absoluta é conhecida hoje como a escala de temperatura termodinâmica kelvin. Em 1954, a Resolução 3 da décima Conferência Geral de Pesos e Medidas (CGPM) deu à Escala kelvin sua definição moderna, designando o ponto triplo da água como seu segundo ponto de definição e atribuiu a sua temperatura exatamente 273,16 kelvin.

Em 1967 a Resolução 3 da 13 ª CGPM renomeou o incremento da unidade de temperatura termodinâmica "kelvin", símbolo K, substituindo "grau kelvin" , símbolo ° K. Além disso, considerou-se útil definir explicitamente a magnitude do incremento de unidade, a 13 ª CGPM também realizada na Resolução 4,

que "o kelvin, unidade de temperatura termodinâmica, é igual à fração 1/273,16 da temperatura termodinâmica do ponto triplo da água".
Em 2005, o Comité Internacional de Pesos e Medidas (CIPM), uma comissão do CGPM, afirmou que com o objectivo de delinear a temperatura do ponto triplo da água, a definição da escala de temperatura termodinâmica kelvin remete à água com uma composição isotópica especificada como Vienna Standard Mean Ocean Water.
O zero absoluto, na escala kelvin, é a temperatura de menor energia de um sistema, no entanto nenhum sistema pode ser arrefecido até tal temperatura. Uma das temperaturas mais baixas já atingidas em laboratório foi de 4 K. Nessa temperatura, o hélio torna-se líquido. O símbolo para o kelvin é sempre um K maiúsculo e nunca é escrito em itálico. Há um espaço entre a grandeza numérica e o símbolo da unidade (por exemplo, "99,987 K").
A palavra "kelvin" (nome da unidade) é escrita com inicial minúscula (exceto no princípio das frases), igualmente de acordo com a normas do SI; escreve-se em português com k inicial, de acordo com a norma ortográfica que o permite para estrangeirismos aportuguesados — as formas plenamente aportuguesadas "quélvim" e "quélvine" não são usadas, ainda que reflita a pronúncia habitual em português. Enquanto unidade do SI, o kelvin não deve ser precedido pelas palavras 'grau' ou 'graus' ou pelo símbolo °, como em grau Celsius e grau Fahrenheit. Isto acontece porque estas são escalas de medição, enquanto o kelvin é uma unidade de medição.
A omissão de "grau" também indica que não é relativo a um ponto de referência arbitrária como as escalas Celsius e Fahrenheit, mas sim uma unidade absoluta de medida que pode ser manipulada algebricamente (por exemplo, multiplicado por dois para indicar o dobro da quantidade de "energia média", disponível entre graus de liberdade elementares do sistema).

11.3.1 Recordes

Até 2005 a temperatura mais baixa obtida para um condensado Bose-Einstein era de 450 pK, ou 0,00000000045 K, obtida por Wolfgang Ketterle e colegas do Instituto de Tecnologia de Massachusetts. A mais baixa temperatura já obtida foi de 100 pK, durante uma experiência de ordenação magnética nuclear em 1999 no Laboratório de Baixas Temperaturas da Universidade de Tecnologia de Helsinque.
Recentemente foram feitos experimentos em 2012 onde foi possível ultrapassar o zero absoluto, uma coisa que até então se acreditava ser impossível.
Para chegar a esse resultado, cientistas da Universidade Ludwig Maximilian, na Alemanha, criaram um gás quântico com átomos de potássio alinhados de maneira específica com a ajuda de lasers e campos magnéticos. Assim, quando os campos magnéticos foram rapidamente ajustados, os átomos passaram de um estado de baixa energia para um estado com o mais alto nível de energia possível. Essa transição, aliada ao fato de que os átomos continuaram em ordem graças ao feixe laser, fez com que a temperatura do gás ultrapassasse alguns bilionésimos de graus abaixo da temperatura de zero absoluto (-273,15° C).
O físico teórico Achim Rosch, da Universidade de Colônia, na Alemanha, calcula que, em um sistema como esse, os átomos abaixo do zero absoluto passam a flutuar em vez de serem puxados pela gravidade. Outra peculiaridade desse gás é que ele passa a se comportar de maneira semelhante à da energia escura, força que ainda é considerada como um dos mistérios ainda não resolvidos da física e que tem papel fundamental na expansão do universo, já que desafia a gravidade que tenta fazer o universo voltar para o seu centro.

11.3.2 Usos práticos

Por razões históricas, é comum expressar a temperatura termodinâmica **T** como a diferença entre essa temperatura e o ponto de congelamento da água $\mathbf{T_0}$. Essa diferença é igual à temperatura Celsius t, que é definida por: $\mathbf{t=T-T_0}$.
Uma vez que a magnitude do kelvin é igual à magnitude do grau Celsius, um intervalo de temperatura pode ser expresso em kelvins ou em graus Celsius. Na eletrônica, o kelvin é usado para expressar a temperatura de ruído. O chamado ruído Johnson-Nyquist de resistências discretas e capacitores é um tipo

de ruído térmico derivado a partir da constante de Boltzmann e pode ser utilizado para determinar a temperatura de ruído de um circuito usando a fórmula de Friis para ruído.
O kelvin é também utilizado como unidade de medida da temperatura de cor, que expressa a aparência de cor da luz emitida pela fonte de luz, que está baseada na relação entre a temperatura de um material hipotético e padronizado, conhecido como "corpo negro radiador", e a distribuição de energia da luz emitida à medida que a temperatura do corpo negro é elevada a partir do zero absoluto.
Fórmulas de conversão de temperaturas em kelvin:

Conversão de	para	Fórmula
kelvin	Fahrenheit	°F = K × 1,8 - 459,67
Fahrenheit	kelvin	K = (°F + 459,67) / 1,8
kelvin	Celsius	°C = K - 273,15
Celsius	kelvin	K = °C + 273,15
kelvin	rankine	°Ra = K × 1,8
rankine	kelvin	K = °Ra / 1,8
kelvin	réaumur	°Ré = (K - 273,15) × 0,8
réaumur	kelvin	K = °Ré × 1,25 + 273,15

Observe as réguas comparativas abaixo:

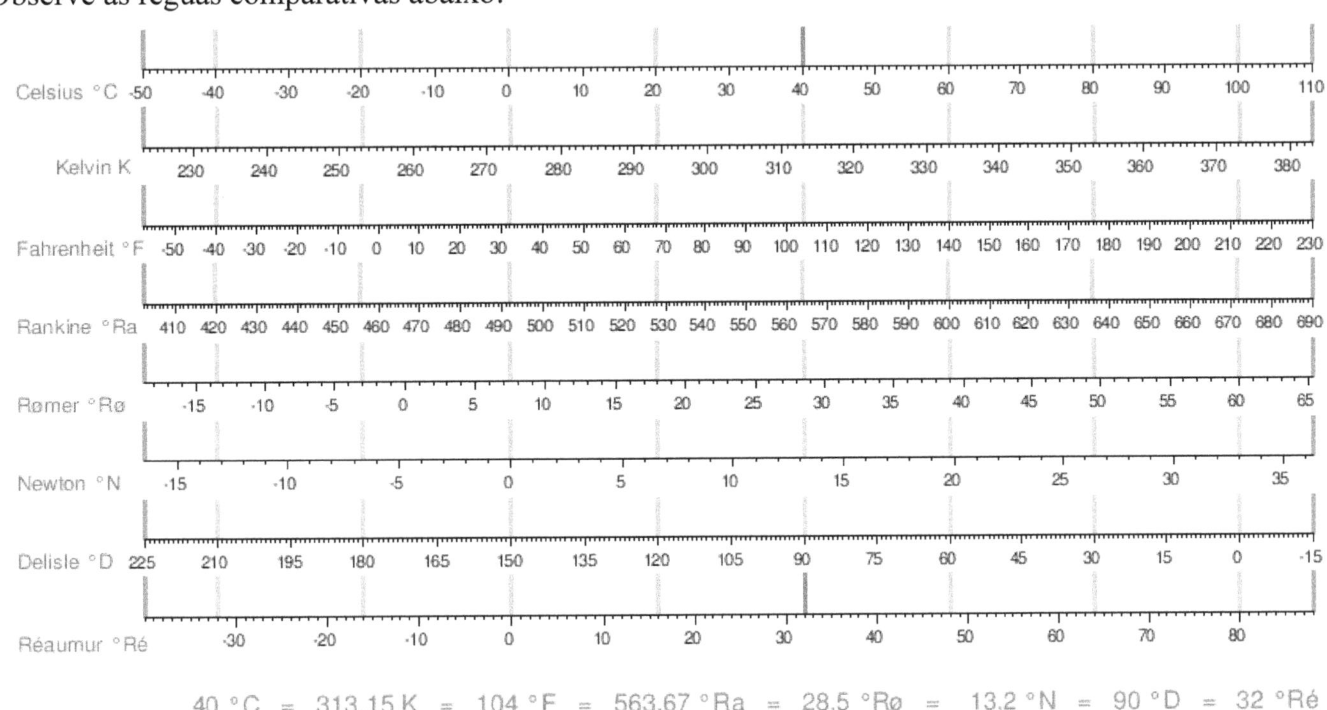

11.3.3 Temperaturas abaixo do zero absoluto

Devido à definição formal de temperatura em termodinâmica, temperaturas abaixo do zero absoluto são possíveis, mas correspondem a temperaturas mais quentes do que temperaturas positivas.

11.4 Grau Fahrenheit

Fahrenheit é uma escala de temperatura proposta por Daniel Gabriel Fahrenheit em 1724.

Sua unidade é o grau Fahrenheit (símbolo: °F). Nesta escala, o ponto de fusão da água é de 32 °F e o ponto de ebulição é de 212 °F. Uma diferença de 1,8 °F é igual a uma diferença de 1 °C.
É também, muito utilizada com o povo grego, para medir a temperatura de um corpo. Para uso científico, há uma escala de temperatura, chamada de Rankine, que leva o marco zero de sua escala ao zero absoluto e possui a mesma variação da escala fahrenheit, existindo, portanto, correlação entre a escala de Rankine e grau fahrenheit do mesmo modo que existe correlação das escalas kelvin e grau Celsius.
Esta escala foi utilizada principalmente pelos países que foram colonizados pelos britânicos, mas seu uso atualmente se restringe a poucos países de língua inglesa, como os Estados Unidos e Belize. O mapa acima exibe as nações que continuam com esse tipo de grau.
Em 1708 Daniel Gabriel Fahrenheit visitou Ole Rømer em Copenhaga. Com ele, aprendeu muito sobre a construção de termómetros de mercúrio, aperfeiçoando o processo de purificação do elemento posteriormente.
Rømer era astrónomo e, portanto, estava habituado a utilizar o sistema de numeração sexagesimal. Esta provavelmente é a razão de ter atribuído nas suas pesquisas o valor 0 ° ao ponto de fusão da água e o valor 60 ° ao ponto de ebulição desta.
Percebera, entretanto, que a temperatura mais baixa medida com seu termómetro em Copenhaga era inferior ao valor considerado 0 ° (ponto de fusão da água).
Ao comparar a diferença entre o ponto de fusão da água e este "novo" valor encontrado, com o ponto de fusão da água e o de ebulição da mesma, constatou que a primeira diferença correspondia a 1/8 do tamanho da distância entre a fusão e a ebulição da água. Como a escala era dividida em 60 unidades, este 1/8 correspondia a 7,5, ou seja, a menor temperatura encontrada em Copenhaga era -7,5 ° numa escala que o ponto de fusão da água era 0 ° e o ponto de ebulição era 60 °.
Para evitar valores negativos nas suas medições meteorológicas, resolveu alterar a nomenclatura para 0 ° na temperatura mais baixa em Copenhaga, alterando consequentemente a temperatura de congelamento da água para 7,5 °.
Fahrenheit seguiu pelo mesmo caminho e também usou estes dois números como referências para a sua escala. Rømer estava preocupado com medições meteorológicas, portanto, como Copenhaga praticamente nunca passava do valor de 26 ° na sua escala, resolveu construir termómetros que 3/4 do tamanho ficavam acima do ponto de fusão da água, ou seja, iam até 22,5 ° (7,5 x 3). Mais tarde, alterou o ponto de fusão da água para 8 ° em vez de 7,5 °, o que fez com que os seus termómetros fossem até 24 ° (8 x 3) em vez de 22,5 °. Logo depois, Fahrenheit passou também a adotar o valor 8 ° para o ponto de fusão da água, evitando muitas contas com valores decimais.
Fahrenheit entretanto foi além. Por volta de 1717 desenvolveu um método de filtragem de mercúrio em membrana de couro que possibilitou criar termómetros mais precisos e, com isso, conseguiu dividir cada intervalo dos seus termómetros em quatro partes. Como não pretendia utilizar valores decimais, isto

acarretou a multiplicação por 4 (quatro) de todos os valores que encontrara, assim, o ponto de fusão da água tornou-se 32 ° (8 x 4).
Com exceção da temperatura de congelamento da água (32°F) e do valor para o frio mais intenso em Copenhaga medido na época (0 °F), todos os outros valores mais conhecidos nesta escala (temperatura do corpo humano, evaporação da água, evaporação do mercúrio, entre outros) não foram usados para a criação da escala, como muitos pensam, mas foram obtidos através de medição dos mesmos após a criação da escala.

Fahrenheit refere-se a uma medida de temperatura. Em outra história, Fahrenheit calculou 0° tomando uma medida do ponto em que partes iguais de sal e gelo misturadas se fundem. Ele então estabeleceu 96° como a temperatura do sangue. Ainda outra história sustenta que ele cooptou a escala de temperatura de Ole Rømer. Com essa escala, 7,5° é o ponto de congelamento da água.

11.4.1 Vantagens do uso

Em 1724, época em que muitos cientistas criavam seus próprios termómetros e seus valores, as vantagens da utilização do grau fahrenheit eram muito mais perceptíveis tanto para uso da ciência local quanto para o uso no dia a dia.

Atualmente, as vantagens desta medição tanto para a ciência quanto para o dia-a-dia parecem pouco úteis devido ao avanço da ciência. Entre as possíveis vantagens da utilização dos graus fahrenheit, podem ser citados: Em países de clima frio as temperaturas assumem, quase sempre, valores positivos na escala fahrenheit, o que não é acompanhado pela graduação em Celsius. O zero fahrenheit é -17,78 °C, portanto, poucas serão as situações em que serão apresentados valores negativos na previsão do tempo, o que facilita a compreensão de temperatura pelos habitantes de países de clima frio, principalmente para cálculos de amplitude térmica pelos menos intelectualizados (Exemplo: uma cidade com temperatura abaixo do ponto de fusão da água somente durante a noite).

O fato de existirem uma maior quantidade de números em um mesmo intervalo quando comparados fahrenheit e Celsius (1,8 para 1) faz com que todos os arredondamentos para valores inteiros se mostrem muito mais próximos do valor real. Entretanto, críticos sugerem que, mesmo a diferença de 1 grau na escala Celsius (para a temperatura da cidade) é uma variação muito pequena para ser atribuída uma vantagem a esta característica.

Na época da criação do sistema, esta era uma vantagem válida para medições meteorológicas que deviam ser as mais acuradas possível, principalmente para estudos físicos e registros históricos.

Em Celsius, a definição da passagem de estado febril para febre que precisa da utilização de medicamentos está entre os valores 37 °C e 38 °C. Em fahrenheit, acostumou-se a tratar pacientes com medicamentos quando a febre destes chega a valores de 3 dígitos (100 °F = 37,78 °C). É usual encontrar, nos países que usam a medida, enfermeiras falando: "A temperatura já atingiu três dígitos, vamos dar uma medicação". Numa época pré-industrial e antes do aperfeiçoamento do setor de saúde, esta foi uma valiosa informação para enfermeiros e médicos, fato que parece perder a importância com o passar do tempo.

11.4.2 Dicas sobre a conversão de graus fahrenheit em graus celsius

Para a maior parte do mundo, acostumados com temperaturas escritas em graus Celsius, torna-se difícil entender temperaturas em graus fahrenheit, comumente utilizada nos Estados Unidos. Pela fórmula de conversão é necessária a divisão por 1,8 após a diminuição de 32, nem sempre fácil de se fazer mentalmente. Para facilitar a rápida conversão mental, podem-se usar dois métodos, o primeiro mais preciso e menos rápido, o segundo menos preciso e muito rápido:

O método mais preciso é o recomendado. Vale a fórmula seguinte:

Temperatura em graus **Celsius** = **[** (Temperatura em **Fahrenheit - 32) / 2]** + **10%**.

Ou seja: **C = [(F-32)/2] + 10%**.

Ou seja: partindo da temperatura em Fahrenheit, subtraia 32, divida o resultado por 2 e some 10% (um décimo) a este resultado. O valor encontrado não é exatamente o número verdadeiro, mas é bastante próximo.

Exemplo: Suponhamos que lemos em um jornal que a temperatura é 86 °F. E então quanto é em graus Celsius?

Primeiro passo: 86 - 32 = 54.

Segundo passo: 54 / 2 = 27.

Terceiro passo: 27 + 2,7 (um décimo) = 29,7 °C, que é bem próximo do valor real: **30 °C**.

Existe um outro método prático. Esse método é mais difícil e também mais exato.

A fórmula é a seguinte: (Temperatura em Fahrenheit - 32) / 9 = Temperatura em Celsius / 5.

Ou seja: **C/5 = (F-32)/9**.

Ex. Converter 100^0F para Celsius.

$$\frac{c}{5}=(100-32)/9$$

$$\frac{c}{5}=\frac{68}{9}$$

$$9c=340$$

$$C\approx 37{,}8\, graus\, Celsius.$$

Note que esta fórmula vale tanto para a conversão de Fahrenheit para Celsius quanto de Celsius para Fahrenheit.

11.5 Escala Réaumur

A escala Réaumur (símbolo: °Ré, °Re, °R) é uma escala de temperatura proposta em 1730 pelo físico e inventor francês René-Antoine Ferchault de Réaumur, cujos pontos fixos são o ponto de congelamento da água (0°Ré) e seu ponto de ebulição (80°Ré). Assim, a unidade desta escala, o grau Réaumur, vale 5/4 de 1 grau Celsius e a escala tem o mesmo zero que a escala Celsius.

O termômetro contem álcool diluído e foi construído sob o princípio de tomar o ponto de congelamento da água como zero. A graduação do tubo foi feita em graus nos quais cada um deles era um milésimo do volume contido no bulbo.

Réaumur escolheu o álcool em vez do mercúrio, alegando que esse se expandiu de forma mais visível, mas essa escolha provocou problemas, pois seus termômetros originais eram muito volumosos, e o baixo ponto de ebulição do álcool os fez impróprios para muitas aplicações.

11.5.1 Conversão de graus Réaumur

Conversão de	para	Fórmula
Fahrenheit	Réaumur	°Ré = (°F - 32) × 4/9
Réaumur	Fahrenheit	°F = °Ré × 9/4 + 32
Kelvin	Réaumur	°Ré = (K - 273,15) × 4/5
Réaumur	Kelvin	K = °Ré × 5/4 + 273,15
Celsius	Réaumur	°Ré = °C × 4/5
Réaumur	Celsius	°C = °Ré × 5/4
Rankine	Réaumur	°Ré = (°Ra - 491,67) × 4/9
Réaumur	Rankine	°Ra = °Ré × 9/4 + 491,67
Newton	Réaumur	°Ré = °N × 80/33
Réaumur	Newton	°N = °Ré × 33/80

11.6 Escala Newton

A escala Newton (símbolo: °N) é uma escala de temperatura concebida pelo físico e matemático Isaac Newton por volta de 1700. Ele elaborou, primeiramente, uma escala de temperatura qualitativa, compreendendo cerca de 20 pontos de referência que variam de "ar frio no inverno" para "brasas no fogo da cozinha".
Essa foi uma abordagem um tanto problemática e Newton rapidamente tornou-se insatisfeito com ela. Ele sabia que a maioria das substâncias se expandem quando aquecidas, então mediu a diferença de volume de óleo de linhaça com seus pontos de referência.
Ele encontrou que o volume do óleo de linhaça aumentou 7,25% quando aquecido a partir da temperatura de derretimento da neve até a ebulição da água.
Newton definiu os pontos fixos de sua escala como o derretimento da neve (0°N) e a ebulição da água (33°N). Sua escala é, portanto, um precursor da escala Celsius, visto que as duas escalas são definidas pelas mesmas referências. Convertendo de Newton para outras unidades usamos a tabela abaixo:

Conversão de	para	Fórmula
Fahrenheit	Newton	°N = (°F - 32) × 11/60
Newton	Fahrenheit	°F = °N × 60/11 + 32
Kelvin	Newton	°N = (K - 273,15) × 33/100
Newton	Kelvin	K = °N × 100/33 + 273,15
Celsius	Newton	°N = °C × 33/100
Newton	Celsius	°C = °N × 100/33
Rankine	Newton	°N = (Ra - 491,67) × 11/60
Newton	Rankine	Ra = °N × 60/11 + 491,67
Réaumur	Newton	°N = °Ré × 33/80
Newton	Réaumur	°Ré = °N × 80/33

12. Intensidade Luminosa

Em fotometria, intensidade luminosa é a medida da percepção da potência emitida por uma fonte luminosa em uma dada direção.
A unidade SLTI para medida de Intensidade luminosa é a candela, abreviada como cd.

A candela (do latim vela) é a unidade de medida básica do Sistema Internacional de Unidades para a intensidade luminosa. Ela é definida a partir da potência irradiada por uma fonte luminosa em uma particular direção.
Esse nome é histórico e tem sua origem no método inicial de definição da unidade, utilizando-se uma vela de cera de tamanho e composição padrão para comparação com outras fontes luminosas.

Luminância não é a mesma grandeza física que intensidade luminosa, mas uma grandeza relacionada a densidade da intensidade luminosa.

12.1 Candela

Como muitas outras unidades do SI, a candela é definida por um processo físico que pode ser realizado experimentalmente e reproduzido com certa facilidade. Desde 1979 é definida oficialmente como: A candela é a intensidade luminosa, numa dada direção, de uma fonte que emite uma radiação monocromática de frequência 540 x 1012 hertz e que tem uma intensidade radiante nessa direção de 1⁄683 watt por esferorradiano.

Essa definição é baseada na correlação entre o fluxo de radiação emitido pela fonte e o fluxo luminoso que gera uma resposta do observador, nesse caso o próprio olho humano. A definição de observador é de responsabilidade da Comissão Internacional de Iluminação (Comission Internationale de L'ecleraige - CIE) e representa o olho e as suas respostas ao estímulo luminoso de maneira estatística.

Formalmente a intensidade luminosa (Iv) de um fonte qualquer pode ser expressa através da integral em relação ao comprimento de onda (λ), tal que para uma fonte policromática:

$$I_v(\lambda) = K \int_\lambda I_e(\lambda) \cdot \bar{y}(\lambda) d\lambda$$

onde K é o fator de conversão que possui o valor de 683,002 lm.W-1, Ie(λ) é a intensidade radiante (W.sr-1), e y(λ) é a função de luminosidade.
A função de luminosidade descreve a sensibilidade do olho humano aos diferentes comprimentos de onda da luz visível, foi estabelecida pela CIE e é usada principalmente para converter energia radiante em energia luminosa. A função é normalizada e tem um pico unitário adimensional para um comprimento de onda de 555 nm, que corresponde à cor verde, equivalente à uma frequência de 540 x 1012 Hz. Por ser a frequência mais perceptível ao olho humano foi escolhida para servir de parâmetro para a obtenção da candela.
As primeiras tentativas de quantizar a intensidade luminosa se deram naturalmente considerando o fluxo luminoso de uma simples vela, mas assim como diversas outras grandezas físicas, as definições de luminosidade variavam enormemente de país para país. Foi somente em 1909 que Estados Unidos, França e Reino Unido resolveram adotar como unidade padrão a vela internacional, utilizando dessa vez lâmpadas de filamento no lugar de velas (ainda assim não havia consenso, países como Alemanha e Áustria decidiram manter seu padrão, que utilizava como base as lâmpadas de Hefner, um tipo de lâmpada a óleo).

Entretanto esse novo padrão ainda era demasiadamente prático e carecia de uma definição teórica mais aprofundada. Foi então que a partir dos resultados da pesquisa de Max Planck acerca da radiação de corpo negro que se definiu em 1948, na 9ª Conferência Geral de Pesos e Medidas (CGPM, sigla francesa para Conférence Générale des Poids et Mesures), a nova vela. Ainda em 1967 na 13ª CGPM mudou-se o nome de nova vela para o atual candela e também definiu-se o símbolo cd. No documento oficial constava: A candela é a intensidade luminosa, na direção perpendicular, de uma superfície de um corpo negro de área igual a 1⁄600000 metros quadrados à temperatura de fusão da platina sob uma pressão de 101 325 newtons por metro quadrado.
Estava entre os responsáveis por essa nova unidade a CIE, além do Comitê Internacional de Pesos e Medidas e do Escritório Internacional de Pesos e Medidas.
Esta redefinição ocorreu pois a definição anterior, retificada pela 9ª CGPM (1948), apresentava algumas imperfeições, fazendo com que recebesse várias críticas por parte da comunidade científica.
Em 1979, durante a realização 16ª CGPM, faz-se algumas considerações levando em conta a atual definição e uso da unidade de intensidade luminosa no meio científico. Dentre estas considerações, podemos citar:
a) As dificuldades de criar um corpo negro primário padrão em laboratório com altas temperaturas;
b) As muitas divergências que estavam ocorrendo nos resultados para a definição de uma unidade padrão de intensidade luminosa;
c) O desenvolvimento rápido da radiometria, atingindo precisões equivalentes às medidas usadas na fotometria, e que essas medidas muitas vezes eram utilizadas em laboratórios para se determinar o valor da candela sem a necessidade da utilização de um corpo negro;
d) A adoção de uma relação entre as grandezas luminosas da fotometria e as grandezas da radiometria pelo Comitê Internacional de Pesos e Medidas em 1977, que envolvia um valor para a eficiência luminosa espectral da radiação monocromática de frequência $540 * 10^{12}$ hertz, que equivalia a 683 lúmens por watt.
Se os aspectos teóricos da nova candela pareciam bem consolidados a parte experimental deixava a desejar. A nova definição baseada no trabalho de Planck exigia temperaturas altíssimas para reproduzir as medições e essa dificuldade, somada aos novos avanços da radiometria, resultou em uma nova mudança. Em 1979 na 16ª CGPM foi apresentada a definição atual da candela.
Vamos expor alguns exemplos de fontes luminosas comuns no dia-a-dia e sua luminosidade em candela. Como ponto de referência é útil lembrar que uma vela comum produz aproximadamente 1 cd.

Fonte	Luminosidade
LED	30 mcd
LED de alto brilho	9,5 cd
Lâmpada incandescente de 40W	33 cd
Lâmpada fluorescente de 65W	382 cd
Lâmpada halógena 20.000W	45.000 cd

12.2 Fotometria

É o ramo da óptica que se preocupa em medir a luz, em termos de como seu brilho é percebido pelo olho humano. Aquela se diferencia da radiometria, que é a ciência que mede a luz em termos de sua potência absoluta, por descrever a potência radiante associada a um dado comprimento de onda usando a função de luminosidade modeladora da sensibilidade do olho humano ao brilho.

12.3 Lux

Lux (símbolo lx) é a unidade derivada do Sistema Internacional de Unidades usada para medição do fluxo luminoso por unidade de área, ou seja, da densidade de intensidade luminosa conhecida por iluminância (ou iluminamento). Corresponde à incidência perpendicular de um fluxo luminoso de 1 lúmen sobre uma superfície com 1 metro quadrado (1 lx =1 lm/m2). Em fotometria, o conceito é usado como uma medida da intensidade, conforme percebida pelo olho humano, da luz que atinge ou passa através de uma superfície. É análoga à unidade radiométrica de irradiância W/m2 (watt por metro quadrado), mas com a potência em cada comprimento de onda ponderada de acordo com a função de luminosidade, um modelo padronizado de percepção humana do brilho visual. O termo "lux" é usado indistintamente como forma singular e plural.

As relações do lux são as seguintes:

a) Um lux é igual a 1 lúmen por metro quadrado,
representado na fração **1 lx = 1 lm/m²**;

b) Um lux é o produto cd uma candela por esterradiano dividido por metro quadrado,
representado na fração **1 lx = 1 (cd * sr)/m²**.

Um fluxo de 1000 lúmens, distribuído uniformemente sobre uma área de 1 metro quadrado, ilumina esse metro quadrado com um iluminância de 1000 lux. Contudo, os mesmos 1000 lúmens distribuídos sobre 10 metros quadrados produzem uma iluminância de apenas 100 lux. Em consequência da proporcionalidade inversa entre área e iluminância face a um fluxo luminoso fixo, é possível obter uma iluminação de 500 lux numa cozinha doméstica com um único equipamento de lâmpada fluorescente com uma saída de 12000 lúmens. Contudo, para iluminar o chão de uma fábrica com dezenas de vezes a área da cozinha, seriam necessárias dezenas desses equipamentos. Assim, iluminar uma área maior com o mesmo nível de lux requer sempre um número maior de lúmens. Tal como ocorre com as restantes unidades SI, podem ser utilizados prefixos SI, por exemplo um kilolux (klx) é 1000 lux.

Iluminância em lux	**Superfície iluminada**
0,0001	Noite sem lua com céu encoberto ou luz estelar.
0,002	Noite sem lua com céu descoberto com luminescência atmosférica.
0,05 até 0,30	Lua cheia em céu descoberto.
3,4	Limite escuro do crepúsculo civil com céu descoberto.
20 até 50	Áreas públicas rodeadas por áreas escuras.
50	Sala de estar familiar.
80	Iluminação de áreas de circulação de edifício de escritórios ou sanitários.
100	Dia escuro com céu completamente nublado.
320 até 500	Iluminação de escritórios.
400	Nascer do Sol
1.000	Iluminação típica em estúdio de TV. Equivale ao dia com céu encoberto.
10.000 até 25.000	Dia sem luz solar direta, normalmente ensolarado.
32.000 até 100.000	Luz solar direta

13. Quantidade de Substância

As substâncias são medidas em “mol”.
O mol (português brasileiro) ou a mole (português europeu) é a unidade de base do Sistema Internacional de Unidades (SI) para a grandeza quantidade de substância (símbolo: mol).
É uma das sete unidades de base do Sistema Internacional de Unidades, muito utilizada na Química. O seu uso é comum para simplificar representações de proporções químicas e no cálculo de concentração de substâncias.
A definição atual de mol, que entrou em vigor a partir do dia 20 de maio de 2019, diz que: “Mol, símbolo mol, é a unidade do SI da quantidade de substância. Um mol contém exatamente $6{,}02214076 \times 10^{23}$ entidades elementares. Este número é o valor numérico fixado para a constante de Avogadro, N_A, quando expresso em mol^{-1}, e é chamado de número de Avogadro.”
O uso do mol mostra-se adequado somente para descrever quantidades de entidades elementares (átomos, moléculas, íons, elétrons, outras partículas, ou grupos especificados de tais partículas).
Em termos linguísticos, o termo "mol" foi incialmente utilizado pelos romanos para designar as pesadas pedras utilizadas para construir barragens marítimas e de moinhos. Na literatura científica, o primeiro uso do termo "molar" é atribuído ao químico alemão August Wilhelm Hofmann por volta de 1865. A possível origem do termo vem do latim moles, que significa "grande massa". O termo foi inicialmente concebido na tentativa de designar uma massa relativamente grande, de tamanho macroscópico, e seu uso se daria ao fazer contrapontos com o mundo submicroscópico ou "molecular". A palavra molecular, surge aqui como uma derivação do termo mole, com a adição do sufixo cula, significando "pequeno" ou "diminuto". Foi apenas por volta de 1893 que o físico-químico alemão Wilhelm Ostwald utilizou o nome propriamente dito "mole", significando uma massa em gramas ou "peso molecular em gramas" da forma como vemos hoje. O uso do termo molar somente se tornou comum em livros científicos de física por volta de 1940 e, a interconversão de mol para grama se tornou comum logo após 1950.
Antes de 1959, tanto a União Internacional de Física Pura e Aplicada (IUPAP) quanto a União Internacional de Química Pura e Aplicada (IUPAC) usavam o oxigênio para definir a grandeza quantidade de substância, sendo definida como o número de átomos existentes em 16 g de oxigênio que possui massa de 16 g. Os físicos usaram uma definição similar a esta, porém, fazendo uso do isótopo do oxigênio de massa 16 (oxigênio-16). Posteriormente as duas organizações entraram em um acordo, entre 1959 e 1960, e definiram a unidade de medida da grandeza quantidade de substância como: "Mol é a quantidade de substância de um sistema que contém tantas entidades elementares quanto são os átomos contidos em 0,012 quilograma de carbono-12. Seu símbolo é 'mol'".
Como adendo a esta definição, a IUPAC esclarece que, quando a terminologia mol for usada, as entidades elementares devem ser especificadas, podendo ser átomos, moléculas, íons, elétrons, outras partículas, ou grupos especificados de tais partículas.
Essa definição foi adotada pelo CIPM (Comitê Internacional de Pesos e Medidas) em 1967 e, em 1971, ratificada pela XIV Conferência Geral de Pesos e Medidas (Resolução 3, 1971). Em 1980, o CIPM confirmou novamente esta definição, adicionando a informação de que os átomos de carbono-12 não estariam ligados por meio de ligações químicas, mas em seu estado fundamental.
No dia 16 de novembro de 2018, durante a 26ª Conferência Geral de Pesos e Medidas (CGPM), que ocorreu entre os dias 13 e 16 de novembro de 2018, em Versalhes, foi aprovada em votação uma nova proposta de redefinição das unidades de base mol, kilograma, ampere e kelvin. Ficou definido que um mol de uma substância tem exatamente $6{,}02214076 * 10^{23}$ entidades elementares especificadas. Este é o número atualmente fixado para o número de Avogadro. Desta forma, a definição do mol deixou de ser baseada em uma unidade de massa. No dia 20 de maio de 2019 esta definição entrou em vigor.
A definição, junto com seu adendo explicativo, ficou como: "O mol, símbolo mol, é a unidade do SI de quantidade de substância. Um mol contém exatamente $6{,}02214076 * 10^{23}$ entidades elementares. Este número é o valor numérico fixado para a constante de Avogadro, N_A, quando expresso em mol^{-1}, e é chamado de número de Avogadro. A quantidade de substância, símbolo n, de um sistema, é uma medida

do número entidades elementares especificadas. Uma entidade elementar pode ser um átomo, uma molécula, um íon, um elétron, qualquer outra partícula ou grupo de partículas especificado".
Ao utilizar o termo mol, deve-se especificar quais são as entidades elementares em questão (átomos, moléculas, íons, elétrons, outras partículas ou agrupamentos especificados de tais partículas), uma vez que ambiguidades podem ser geradas. Por exemplo, se fosse escrito apenas 4,44 mol de hidrogênio, seria impossível saber se significa 4,44 mol de átomos ou de moléculas de hidrogênio. Uma maneira usual e conveniente para contornar possíveis ambiguidades é escrever a fórmula molecular da entidade elementar que está contida pelo mol. Ex.: 4,44 mol de H_2; $6,28 * 10^{-2}$ mol de PbO; 3 mol de Fe.
Quando a substância é um gás, geralmente as entidades elementares em questão são moléculas. Porém, gases nobres (hélio, neônio, argônio, criptônio, xenônio e radônio) são monoatômicos nas condições ambientes (ou seja, cada entidade elementar de um gás nobre é um único átomo).
O nome para a unidade "mol" deve ser grafado sempre em letra minúscula, assim como todos os nomes das unidade do SI (exceção: no início da frase e em "grau Celsius"). Para o emprego do plural, deve-se saber que somente o nome da unidade de medida aceita o plural, que é sempre feito pela adição da letra "s" após o nome da unidade.
No Brasil, o nome e o símbolo da unidade de medida da grandeza quantidade de substância são idênticos, isto é: mol e mol, respectivamente. Isto faz com que o plural do mol (substantivo masculino) seja mols. Em Portugal, o nome da unidade é a mole (substantivo feminino), logo, seu plural é moles.
Exemplos:
a) Português brasileiro: Dois mols de uma substância;
b) Português europeu: Duas moles de uma substância.
O mol como símbolo de unidade não aceita plural.
Exemplos: 5,0 mol (e não 5,0 mols). De forma semelhante, para outras unidades do SI: 10,5 m (e não 10,5 ms), 7,2 L (e não 7,2 Ls).
Como nome da unidade, o plural deve ser empregado da seguinte forma:
a) Português brasileiro: Uma solução contém dois mols de íons cloreto. De forma semelhante à unidade metro: A mesa tem três metros de comprimento;
b) Português europeu: Uma solução contém duas moles de iões cloreto.
O conceito de mol está intimamente ligado à constante de Avogadro (antigamente chamada de número de Avogadro), sendo que 1 mol tem aproximadamente 6,022 × 1023 entidades. Este é um número extremamente grande, pois se trata de uma medida da ordem de sextilhões.
Exemplos:
a) 1 mol de moléculas de um gás possui aproximadamente $6,022 * 10^{23}$ moléculas deste gás, ou seja, seiscentos e dois sextilhões de moléculas;
b) 1 mol de íons equivale a aproximadamente $6,022 * 10^{23}$ íons, ou seja, seiscentos e dois sextilhões de íons;
c) 1 mol de grãos de areia equivale a aproximadamente $6,022 * 10^{23}$ grãos de areia, ou seja, seiscentos e dois sextilhões de grãos de areia.
Apesar de ser um número extremamente grande de entidades elementares, um mol de uma substância pode se referir a um pequeno volume. Para a substância água, por exemplo, 1 mol de água líquida ocupa um volume um pouco maior do que de uma colher de sopa cheia (1 mol de água tem aproximadamente 18 mL); Um mol de gás nitrogênio (N_2) inflará um balão com um diâmetro de aproximadamente 30 cm; um mol de açúcar de cana ($C_{12}H_{22}O_{11}$) tem aproximadamente 340 g. Todas estas quantidades de substâncias citadas, estão contidas em um mol, apresentando aproximadamente $6,022 * 10^{23}$ moléculas.

13.1 Constante de Avogrado (L) ou Número de Avogrado (N_A)

É o número de átomos por mol de uma determinada substância, em que o mol é uma das sete unidades básicas do Sistema Internacional de Unidades (SI). A constante de Avogadro tem dimensões de mol recíprocas e seu valor é igual a $6,02214076 * 10^{23}$ mol^{-1}. Atualmente é mais indicado o termo "Constante de Avogrado" ao invés de "Número de Avogrado". Porém, ainda é muito usado o segundo termo.

As definições anteriores de quantidade química envolveram o número de Avogadro, um termo histórico intimamente relacionado com a constante de Avogadro, porém definido de maneira diferente: o número de Avogadro foi inicialmente conceituado por Jean Baptiste Perrin como o número de átomos em um grama por molécula de hidrogênio. Depois, foi redefinido como o número de átomos em 12 gramas do isótopo de carbono-12 e, mais tarde, generalizado para relacionar quantidades de uma substância com o seu peso molecular. Por exemplo, um grama de hidrogênio, cujo número de massa é igual a 1 (número atômico 1), tem $6,022 * 10^{23}$ átomos de hidrogênio. Do mesmo modo, 12 gramas de carbono-12, com o número de massa igual a 12 (número atômico 6), tem o mesmo número de átomos (aproximadamente), $6,022 * 10^{23}$. O número de Avogadro é uma quantidade dimensional e tem o valor numérico da constante de Avogadro dada em unidades básicas.

É fundamental para entender a composição das moléculas e suas interações e combinações. Por exemplo, uma vez que um átomo de oxigênio irá combinar com dois átomos de hidrogênio para formar uma molécula de água (H2O), percebe-se que, analogicamente, um mol de oxigênio ($6,022 * 10^{23}$ de átomos de O) irá combinar com dois mol de hidrogênio ($2 * 6,022 * 10^{23}$ de átomos de H) para fazer um mol de H2O.

Revisões no conjunto das unidades básicas do SI exigiram redefinições nos conceitos de quantidade química. Assim, o número de Avogadro e sua definição, foram preteridos em favor da constante de Avogadro e sua definição. Alterações nas unidades do SI são propostas a fim de corrigir precisamente o valor da constante para exatamente $6,022\ 14 * 10^{23}$ (expressa na unidade mol^{-1}, ver as novas definições do SI, em que um "X " no final de um número significa um ou mais dígitos finais ainda a serem estabelecidos).

14. Corrente elétrica

O ampere ou ampère (símbolo: A). Mesmo em português, sendo aceitas as duas formas de grafia, deve-se dá preferência ao termo "ampere". É a unidade de medida da corrente elétrica no Sistema Internacional de Unidades. O nome é uma homenagem ao físico francês André-Marie Ampère. Um ampere equivale a um coulomb por segundo:
1A = 1C/s.
Relativo à qualidade, o ampere "é atualmente definido em termos de uma corrente que, se mantida em dois condutores paralelos retilíneos de tamanhos e em posições específicas, irão produzir uma certa quantidade de força magnética entre os condutores". Quantitativamente, um ampere é definido como a intensidade de uma corrente elétrica constante que produz uma força atrativa de 2×10^{-7} newton por metro de comprimento entre dois fios condutores paralelos, retilíneos, de comprimento infinito, de secção circular desprezível colocadas a um metro de distância entre si, no espaço livre. A definição é baseada na "lei de Ampère".

14.1 Definição de corrente elétrica

É o fluxo ordenado de partículas portadoras de carga elétrica ou o deslocamento de cargas dentro de um condutor, quando existe uma diferença de potencial elétrico entre as extremidades. Tal deslocamento procura restabelecer o equilíbrio desfeito pela ação de um campo elétrico ou outros meios (reações químicas, atrito, luz, etc.). Microscopicamente, as cargas livres estão em movimento aleatório devido à agitação térmica. Apesar desse movimento desordenado, ao estabelecermos um campo elétrico na região das cargas, verifica-se um movimento ordenado que se apresenta superposto ao primeiro. Esse movimento recebe o nome de movimento de deriva das cargas livres. Raios são exemplos de corrente elétrica, bem como o vento solar, porém a mais conhecida, provavelmente, é a do fluxo de elétrons através de um condutor elétrico, geralmente metálico.
A intensidade da corrente elétrica é definida como a razão entre o módulo da quantidade de carga ΔQ que atravessa certa secção transversal (corte feito ao longo da menor dimensão de um corpo) do condutor em um intervalo de tempo Δt.

$$I = \lim_{\Delta t \to 0} \frac{|\Delta Q|}{\Delta t} = \frac{dQ}{dt}$$

15. Resolução do INMETRO

RESOLUÇÃO CONMETRO N° 12 DE 12 DE OUTUBRO DE 1988

Adotação do quadro geral de unidades de medida e emprego de unidades fora do Sistema Internacional de Unidades - S.I.

O CONSELHO NACIONAL DE METROLOGIA, NORMALIZAÇÃO E QUALIDADE INDUSTRIAL - CONMETRO, usando de suas atribuições que lhe confere o art. 3º da Lei no 5.966, de 11 de dezembro de 1973, através de sua 2ª Sessão Ordinária realizada em Brasília, em 23/08/1988, Considerando que as unidades de medida legais no País são aquelas do Sistema Internacional de Unidades - SI, adotado pela Conferência Geral de Pesos e Medidas, cuja adesão pelo Brasil foi formalizada através do Decreto Legislativo n° 57, de 27 de junho de 1953, considerando que a fim de assegurar em todo o território nacional a indispensável uniformidade na expressão quantitativa e metrológicas das grandezas, cabe privativamente à União, conforme estabelecida na Constituição Federal, dispor sobre as unidades de medida, o seu emprego e, de modo geral, ao aspecto metrológico de quaisquer atividades comerciais, agropecuárias, industriais, técnicas ou científicas, resolve:

1 - Adotar o Quadro Geral de Unidades de Medida, em anexo, no qual constarão os nomes, às definições, os símbolos das unidades e os prefixos SI.
2 - Admitir o emprego de certas unidades fora do SI, de grandezas e coeficientes sem dimensões físicas que sejam julgados indispensáveis para determinadas medições.
3 - Estabelecer que o Instituto Nacional de Metrologia, Normalização e Qualidade Industrial - INMETRO, seja encarregado de propor as modificações que se tornarem necessárias ao Quadro anexo, de modo a resolver casos omissos, mantê-la atualizado e dirimir dúvidas que possam surgir na interpretação e na aplicação das unidades legais.
4 - Esta Resolução entrará em vigor na data de sua publicação.

ROBERTO CARDOSO ALVES

Situação: Revisto

Publicação no Diário Oficial: Data: 21/10/88 Seção: I Páginas: 20526 a 20531 Legislação Correlata: É alterado por **Portaria INMETRO número 2 de 6/1/1993** Obs.: Acrescenta tabela 1.

Sistema Internacional de Unidades

Outras Unidades

Prescrições Gerais

Tabela I - Prefixo S

Tabela II - Unidades do Sistema Internacional de Unidades

Tabela III - Outras Unidades Aceitas para Uso com o SI, sem Restrição de Prazo

Tabela IV - Outras Unidades fora do SI Admitidas Temporariamente

Quadro Geral de Unidades de Medida

Este Quadro Geral de Unidades (QGU) contém:

1 Prescrições sobre o Sistema Internacional de Unidades
2 Prescrições sobre outras unidades

3 Prescrições gerais
Tabela I Prefixos SI
Tabela II Unidades do Sistema Internacional de Unidades

Tabela III Outras Unidades aceitas para uso com o Sistema Internacional de Unidades

Tabela IV Outras Unidades, fora do Sistema Internacional de Unidades, admitidas temporariamente.

Nota: São empregadas as seguintes siglas e abreviaturas:

CGPM Conferência Geral de Pesos e Medidas (precedida pelo número de ordem e seguida pelo ano de sua realização)

QGU Quadro Geral de Unidades

SI Sistema Internacional de Unidades

Unidade SI Unidade compreendida no Sistema Internacional de Unidades

1 Sistema Internacional de Unidades

O Sistema Internacional de Unidades, ratificado pela 11ª CGPM/1960 e atualizado até a 18ª CGPM/1987, compreende:

a Sete unidades de base:

Unidade	Símbolo	Grandeza
metro	m	comprimento
quilograma	kg	massa
segundo	s	tempo
ampère	A	corrente elétrica
kelvin	K	temperatura termodinâmica
mol	mol	quantidade de matéria
candela	cd	intensidade luminosa

b duas unidades suplementares:

Unidade	Símbolo	Grandeza
Radiano	rad	ângulo plano
Esterradiano	sr	ângulo sólido

c unidades derivadas, deduzidas direta ou indiretamente das unidades de base suplementares;

d os múltiplos e submúltiplos decimais das unidades acima, cujos nomes são formados pelo emprego dos prefixos SI da Tabela I.

2 Outras Unidades

2.1 As unidades fora do SI admitidas no QGU são de duas espécies:

1.a unidades aceitas para uso com o SI, isoladamente ou combinadas entre si e/ou com unidades SI, sem restrição de prazo (ver Tabela III);

1.b unidades admitidas temporariamente (ver Tabela IV).

2.2 É abolido o emprego das unidades CGS, exceto as que estão compreendidas no SI e as mencionadas na Tabela IV.

3 Prescrições Gerais

3.1 Grafia dos nomes de unidades

3.1.1 Quando escritos por extenso, os nomes de unidades começam por letra minúscula, mesmo quando têm o nome de um cientista (por exemplo, ampère, kelvin, newton, etc.), exceto o grau Celsius.

3.1.2 Na expressão do valor numérico de uma grandeza, a respectiva unidade pode ser escrita por extenso ou representada pelo seu símbolo (por exemplo, quilovolts por milímetro ou kV/mm), não sendo admitidas combinações de partes escritas por extenso com partes expressas por símbolo.

3.2 Plural dos nomes de unidades

Quando os nomes de unidades são escritos ou pronunciados por extenso, a formação do plural obedece às seguintes regras básicas:

2.a os prefixos SI são invariáveis;

2.b os nomes de unidades recebem a letra "s" no final de cada palavra, exceto nos casos da alínea c,quando são palavras simples. Por exemplo, ampères, candelas, curies, farads, grays, joules, kelvins, quilogramas, parsecs, roentgens, volts, webers, etc.;

- quando são palavras compostas em que o elemento complementar de um nome de unidade não é ligado a este por hífen. Por exemplo, metros quadrados, milhas marítimas, unidades astronômicas, etc.;

- quando são termos compostos por multiplicação, em que os componentes podem variar independentemente um do outro. Por exemplo ampères-horas, newtons-metros, ohms-metros, pascals-segundos, watts-horas, etc.;

Nota: Segundo esta regra, e a menos que o nome da unidade entre no uso vulgar, o plural não desfigura o nome que a unidade tem no singular (por exemplo, becquerels, decibels, henrys, mols, pascals, etc.), não se aplicando aos nomes de unidades certas regras usuais de formação do plural de palavras. os nomes ou partes dos nomes de unidades não recebem a letra "s" no final, quando terminam pelas letras s, x ou z. Por exemplo, siemens, lux, hertz, etc.; quando correspondem ao denominador de unidades compostas por divisão. Por exemplo, quilômetros por hora, lumens por watt, watts por esterradiano, etc.; quando, em palavras compostas, são elementos complementares de nomes de unidades e ligados a estes por hífen ou preposição. Por exemplo, anos-luz, elétron-volts, quilogramas-força, unidades (unificadas) de massa atômica, etc.

3.3 Grafia dos símbolos de unidades

3.3.1 A grafia dos símbolos de unidades obedece às seguintes regras básicas:

1.a os símbolos são invariáveis, não sendo admitido colocar, após o símbolo, seja ponto de abreviatura, seja "s" de plural, sejam sinais, letras ou índices. Por exemplo, o símbolo do watt é sempre W, qualquer que seja o tipo de potência a que se refira: mecânica, elétrica, térmica, acústica, etc.;

1.b os prefixos SI nunca são justapostos no mesmo símbolo. Por exemplo, unidades com GWh, nm, pF, etc., não devem ser substituídas por expressões em que se justaponham, respectivamente, os prefixos mega e quilo, mili e micro, micro e micro, etc.,

1.c os prefixos SI podem coexistir num símbolo composto por multiplicação ou divisão. Por exemplo, kN.cm, KW mA, kV/mm, MW cm, kV/m s, m W/cm^2 etc.;

1.d os símbolos de uma mesma unidade podem coexistir num símbolo composto por divisão. Por exemplo, W mm^2/m, kWh/h, etc.;

1.e o símbolo é escrito no mesmo alinhamento do número a que se refere, e não como expoente ou índice. São exceções, os símbolos das unidades não SI de ângulo plano (° ′ ″), os expoentes dos símbolos que têm expoente, o sinal ° do símbolo do grau Celsius e os símbolos que têm divisão indicada por traço de fração horizontal;

1.f o símbolo de uma unidade composta por multiplicação pode ser formado pela justaposição dos símbolos componentes e que não cause ambigüidade (VA, kWh, etc.), ou mediante a colocação de um ponto entre os símbolos componentes na base da linha ou a meia altura (N.m ou N·m, m.s^{-1} ou m·s^{-1}, etc.);

1.g o símbolo de uma unidade que contém divisão pode ser formado por uma qualquer das três maneiras exemplificadas a seguir:

W/(sr.m^2), W.sr^{-1} .m^{-2},

não devendo ser empregada esta última forma quando o símbolo, escrito em duas linhas diferentes puder causar confusão.

3.3.2 Quando um símbolo com prefixo tem expoente, deve-se entender que esse expoente afeta o conjunto prefixo-unidade, como se esse conjunto estivesse entre parênteses. Por exemplo:

dm^3 = 10^{-3} m^3 mm^3 =
10^{-9} m^3

3.4 Grafia dos números

As prescrições desta seção não se aplicam aos números que não representam quantidades (por exemplo, numeração de elementos em seqüência, códigos de identificação, datas, números de telefones, etc.).

3.4.1 Para separar a parte inteira da parte decimal de um número, é empregada sempre uma vírgula; quando o valor absoluto do número é menor que 1, coloca-se 0 à esquerda da vírgula.

3.4.2 Os números que representam quantias em dinheiro, ou quantidades de mercadorias, bens ou serviços em documentos para efeitos fiscais, jurídicos e/ou comerciais, devem ser escritos com os algarismos separados em grupos de três, a contar da vírgula para a esquerda e para direita, com pontos separando esses grupos entre si.

Nos demais casos é recomendado que os algarismos da parte inteira e os da parte decimal dos números sejam separados em grupos de três, a contar da vírgula para a esquerda e para a direita, com pequenos espaços entre esses grupos (por exemplo, em trabalhos de caráter técnico ou científico), mas é também admitido que os algarismos da parte inteira e os da parte decimal sejam escritos seguidamente (isto é, sem separação em grupos).

3.4.3 Para exprimir números sem escrever ou pronunciar todos os seus algarismos:

3.a para os números que representam quantias em dinheiro, ou quantidades de mercadorias, bens ou serviços, são empregadas de uma maneira geral as palavras:

mil = 10^3 = 1 000

milhão = 10^6 = 1 000 000

bilhão = 10^9 = 1 000 000 000

trilhão = 10^{12} = 1 000 000 000 000

podendo ser opcionalmente empregados os prefixos SI ou os fatores decimais da Tabela I, em casos especiais (por exemplo, em cabeçalhos de tabelas);

3.b para trabalhos de caráter técnico ou científico, é recomendado o emprego dos prefixos SI ou fatores decimais da Tabela I.

3.5 Espaçamentos entre número e símbolo

O espaçamento entre um número e o símbolo da unidade correspondente deve atender à conveniência de cada caso, assim, por exemplo:

a em frases de textos correntes, é dado normalmente o espaçamento correspondente a uma ou a meia letra, mas não se deve dar espaçamento quando há possibilidade de fraude;

b em colunas de tabelas, é facultado utilizar espaçamentos diversos entre os números e os símbolos das unidades correspondentes.

*Continuem lendo a **Coleção "Um Resumo Prático"** e divulguem aos amigos.*

João Luis Gregorio e Silva - 2021